五十間長屋
辰巳用水解説板
南門跡解説板

口絵 1．金沢城公園の三の丸広場から鶴丸倉庫に向かって歩くと、左手の園路脇に設置された「辰巳用水」の解説板と「南門跡」の解説板が並んでいる

辰巳用水

口絵 2.「辰巳用水」の解説板。その下に「土木學會選奨土木遺産」の銘板が設置されている

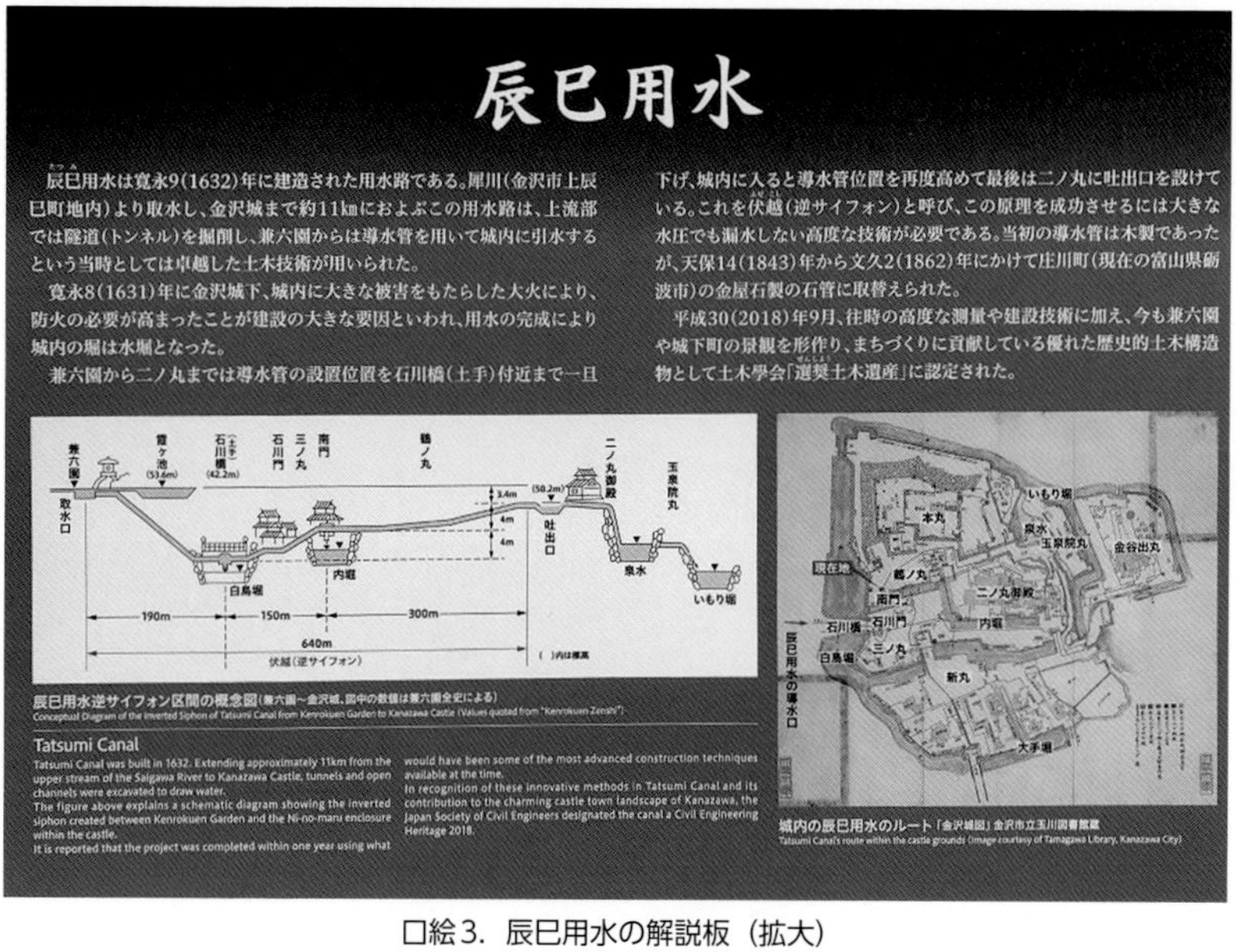
辰巳用水
辰巳《たつみ》用水は寛永9(1632)年に建造された用水路である。犀川(金沢市上辰巳町地内)より取水し、金沢城まで約11㎞におよぶこの用水路は、上流部では隧道(トンネル)を掘削し、兼六園からは導水管を用いて城内に引水するという当時としては卓越した土木技術が用いられた。
寛永8(1631)年に金沢城下、城内に大きな被害をもたらした大火により、防火の必要が高まったことが建設の大きな要因といわれ、用水の完成により城内の堀は水堀となった。
兼六園から二ノ丸までは導水管の設置位置を石川橋(土手)付近まで一旦下げ、城内に入ると導水管位置を再度高めて最後は二ノ丸に吐出口を設けている。これを伏越《ふせこし》(逆サイフォン)と呼び、この原理を成功させるには大きな水圧でも漏水しない高度な技術が必要である。当初の導水管は木製であったが、天保14(1843)年から文久2(1862)年にかけて庄川町(現在の富山県砺波市)の金屋石製の石管に取替えられた。
平成30(2018)年9月、往時の高度な測量や建設技術に加え、今も兼六園や城下町の景観を形作り、まちづくりに貢献している優れた歴史的土木構造物として土木學会「選奨《せんしょう》土木遺産」に認定された。
兼六園
霞ヶ池 (53.6m)
(土手)石川橋 (42.2m)
石川門
三ノ丸
南門
鶴ノ丸
二ノ丸御殿
玉泉院丸
取水口
(50.2m)
3.4m
4m
4m
吐出口
白鳥堀
内堀
泉水
いもり堀
190m
150m
300m
640m
伏越(逆サイフォン)
( )内は標高
辰巳用水逆サイフォン区間の概念図(兼六園〜金沢城、図中の数値は兼六園全史による)
Conceptual Diagram of the Inverted Siphon of Tatsumi Canal from Kenrokuen Garden to Kanazawa Castle (Values quoted from "Kenrokuen Zenshi")
Tatsumi Canal
Tatsumi Canal was built in 1632. Extending approximately 11km from the upper stream of the Saigawa River to Kanazawa Castle, tunnels and open channels were excavated to draw water.
The figure above explains a schematic diagram showing the inverted siphon created between Kenrokuen Garden and the Ni-no-maru enclosure within the castle.
It is reported that the project was completed within one year using what would have been some of the most advanced construction techniques available at the time.
In recognition of these innovative methods in Tatsumi Canal and its contribution to the charming castle town landscape of Kanazawa, the Japan Society of Civil Engineers designated the canal a Civil Engineering Heritage 2018.
いもり堀
泉水
玉泉院丸
金谷出丸
本丸
現在地
鶴ノ丸
南門
二ノ丸御殿
石川橋
石川門
内堀
三ノ丸
白鳥堀
新丸
大手堀
辰巳用水の導水口
城内の辰巳用水のルート「金沢城図」金沢市立玉川図書館蔵
Tatsumi Canal's route within the castle grounds (Image courtesy of Tamagawa Library, Kanazawa City)

口絵3．辰巳用水の解説板（拡大）

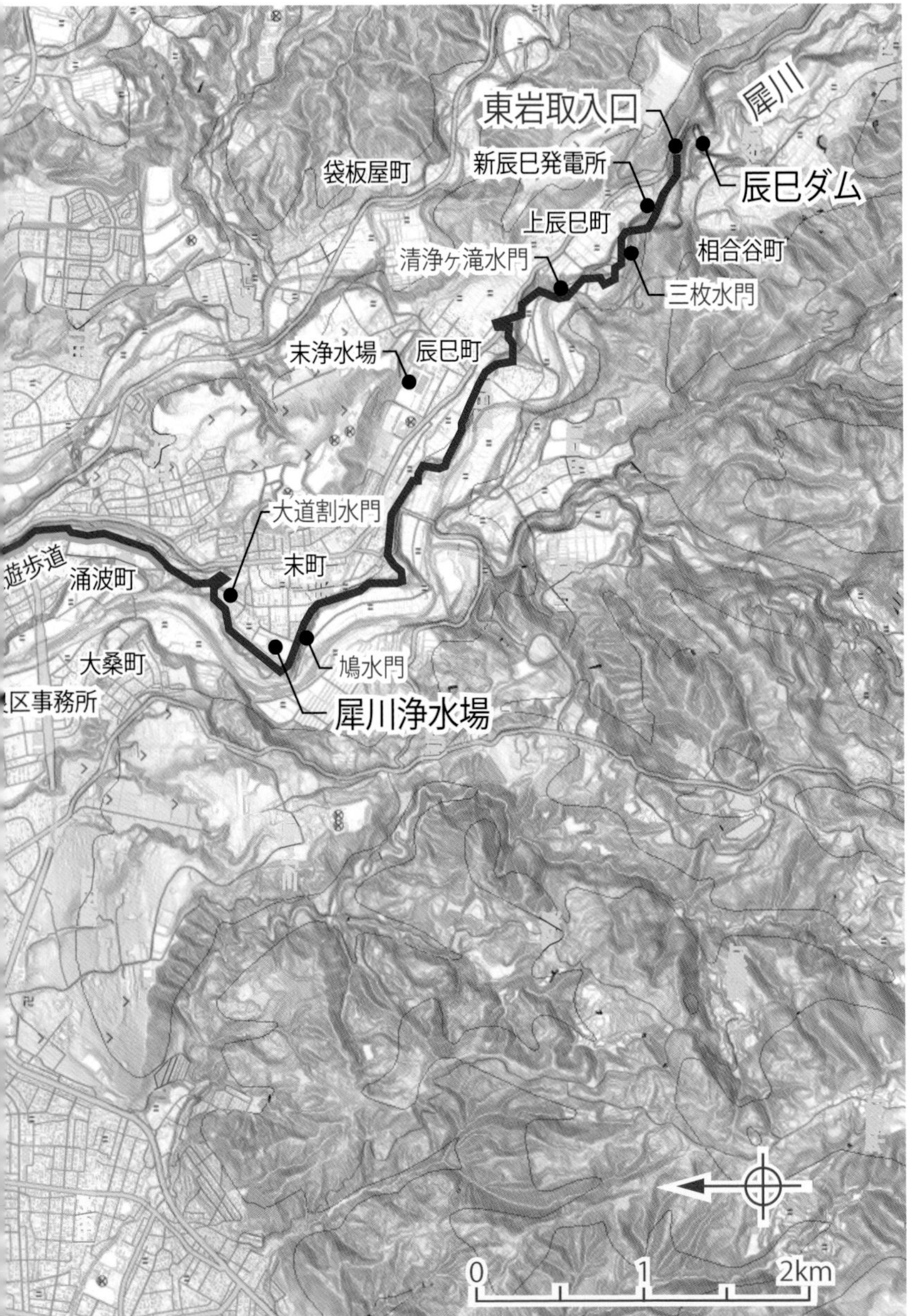

犀川
東岩取入口
新辰巳発電所
辰巳ダム
袋板屋町
上辰巳町
相合谷町
清浄ヶ滝水門
三枚水門
末浄水場
辰巳町
大道割水門
遊歩道
涌波町
末町
大桑町
鳩水門
区事務所
犀川浄水場
0
1
2km

口絵4. 辰巳用水全図（現在の辰巳用水の流れ）
（国土地理院地図 http://maps.gsi.go.jp）に加筆）

口絵6. 兼六園霞ヶ池からの逆サイフォン取入口（現在は閉鎖されている。虹橋の上から撮影）。取入口からの流れは、図7. 3-1の二条の石管に繋がる

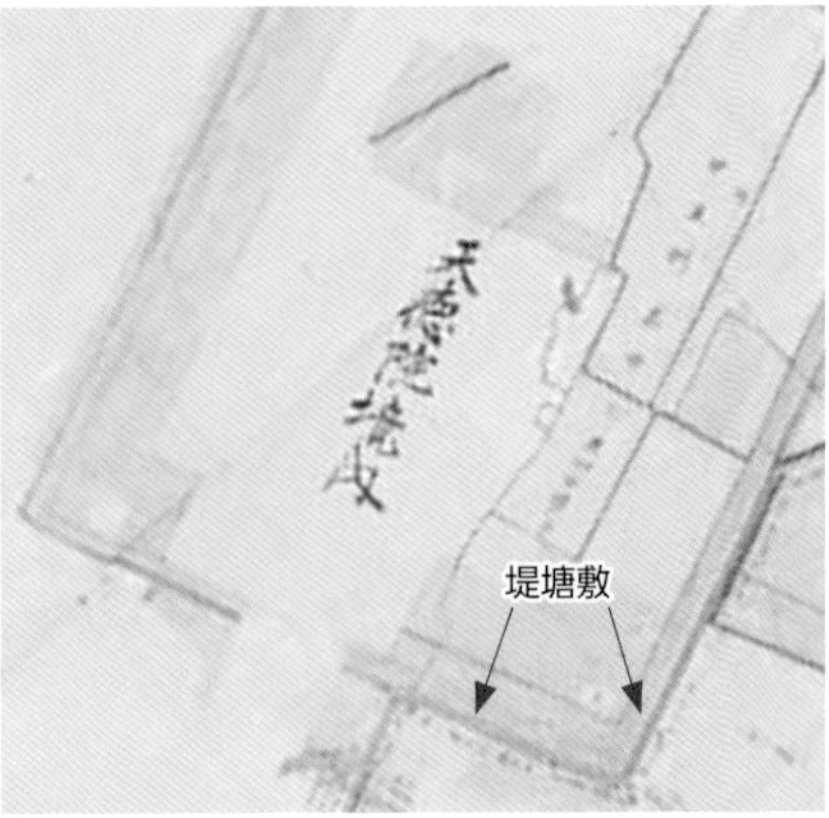

口絵5. 江戸時代の天徳院周辺の堀と堤塘敷（2.6節参照）。（「明治九年辰巳養水路分間繪圖」加賀辰巳用水付図第4の一部コピーに加筆）

口絵7. 国際会議の折に外国からの講演者を辰巳用水のトンネルに案内する畦地實さん（平成22（2010）年10月14日付北國新聞朝刊）（2.4節、第6章参照）

辰巳用水を守る

城下町金沢の遺産

昭和・平成から未来へ

NPO法人 辰巳用水にまなぶ会

はじめに

辰巳用水は寛永9（1632）年に加賀藩第3代藩主前田利常《としつね》の命により、小松の町人板屋《いたや》兵《へい》四郎《しろう》により建設されたと伝わっている。犀川上流の上辰巳地区に取入口を設け、建設当時は上流部のトンネル区間が約3・3㎞、開水路部分が約7・3㎞、全長約10・6㎞の水路であった（『加賀辰巳用水』、辰巳ダム関係文化財等調査団、昭和58年）。前年の大火により、城下のみでなく城内にも大きな被害が出たため、水利の改善が急務となり約9カ月で建設されたと言われている。建設当初には逆サイフォンを用いて現在の兼六園地区から金沢城三の丸まで導水され、その2年後には改良を加えて、さらに標高が高い二の丸まで導水された。その後は、犀川の河床変化による取入口の上流への移設、寛政11（1799）年に金沢地方に発生した大地震による大きな被害なども生じたが、加賀藩の力により修復されて明治維新を迎えた。

明治4（1871）年の廃藩置県により加賀藩が消滅したことが、辰巳用水が最初に体験した歴史的変動である。次に、社会全体の仕組みが大きく変わった歴史的な出来事は、第二次世界大戦の敗戦とその後の高度経済成長の二つであった。

辰巳用水土地改良区参事の畦《あぜ》地《ち》實《みのる》さんは昭和21（１９４６）年以来、永年にわたり辰巳用水の現場の水管理に従事しており、土地改良区では余人をもって代えがたい存在であった。辰巳用水の将来への継承を考えると、畦地さんの知恵と経験を次世代に残すことが喫緊の課題であったので、「辰巳用水にまなぶ会」（以下、「まなぶ会」と称す）は平成26（２０１４）年10月結成後ただちに畦地さんから聞き取りを開始した。（注：「ＮＰＯ法人 辰巳用水にまなぶ会」は平成27（２０１５）年8月に発足し、従来の活動を継承した）

畦地さんからの聞き取りは平成26（２０１４）年10月14日を最初とし、同27年8月26日まで、6回にわたって行った。場所は辰巳用水土地改良区事務所が大半で、金沢大学サテライトプラザを利用した回もある。まなぶ会から4名ないし5名が参加し、対話を録音し、テープ起こしを行うことを繰り返した。各回毎の聞き取り成果を課題ごとに整理し、その後、6回の聞き取り全体を通して課題に応じて取りまとめを行った。

本書は、聞き取りの「話し言葉」をそのまま残すことを念頭に編集した。しかし、畦地さんの思いが他の個人や団体の行為を非とする場合もあった。この様な出来事は畦地さんが若い頃に生じたことが大半であり、相手方の個人は既に亡くなっていたり、団体は消滅していたり、当時の関係者を特定できなかったりして、当事者の意見や反論を知ることができない場合が多かった。したがって、固有名称は省くことを原則としている。但し、畦地さんの指摘事項が歴史的に見て現実に存在し、辰巳用水の在り様に大きく影響を与えたと考えられる内容自体は、できるだけ忠実に畦地さんの言葉を採録することとした。

畦地さんは、前述の三つの歴史的変動のうち、第二次世界大戦後の農地改革、高度経済成長期の都市化と土地区画整理の二つによって、辰巳用水が大きく揺れ動いた時代を、辰巳用水と共に生き抜いてきた歴史の生き証人であった。辰巳用水は殿様用水とも言われた江戸時代からの城下町金沢の遺産である。畦地さんはそれを昭和・平成の激動の中で守り、未来につなぐことに情熱を注いできた。まなぶ会はその思いを受け止め、畦地さんの語りに関連する辰巳用水の文献探索や現地調査を行い、内容を充実させることと、確実性を高めることに努力を重ねてきた。部内での原稿取りまとめを終えた段階で、このような内容と背景を示すことができる標題は何か？を何回か議論を重ねて選択をした。

本書の帯には丸山利輔氏（日本学士院会員・元農業土木学会長）に推薦の言葉を頂いた。辰巳用水土地改良区への深い理解と昭和・平成時代の激動ぶりを、聞き取りにより取りまとめた本書を評価して頂き、厚く感謝する次第である。

本書の内容を豊かなものとするために「特別収録　山出・畦地対談のまとめ」を追加した。山出保氏（石川県中小企業団体中央会会長・前金沢市長）には転載を了解して頂き、感謝する次第である。辰巳用水と金沢、並びに金沢市民との関係について、貴重なご意見を頂いた。また、本書の標題が最終的に定まった段階で、岩崎和巳氏（元農業工学研究所長）と高木規矩郎氏（ジャーナリスト）に全体に目を通すことを依頼し、多くの貴重なご意見を頂き、原稿をより良いものに仕上げることができた。お二人には心から感謝を申し上げる。

この「はじめに」を終えるにあたり、本書の刊行を見ることなく畦地さんが令和元（２０１９）年6月23日に逝去されたことに触れざるを得ないことは痛恨の極みで、心よりご冥福をお祈りする次第である。

辰巳用水にまなぶ会　代表　玉井信行

令和２年3月

目次

第1章　畦地さんの駆け出し時代

第1章　畦地さんの駆け出し時代

1．1　事務所に入った経緯（注：1．1節）

――金沢に来られたのは、ちょうど戦争末期ですよね。

畦地：ほうや。昭和20（1945）年や。戦争中は大阪の天王寺区のとこにおったんや。ほしたら昭和20（1945）年3月の14日大空襲や。ほん時に大阪はほとんど半分ほど燃えてしもうた。家族は奈良のほうへ疎開しとってん。わしゃ大阪の軍需工場で、そこの護衛しとってん、試験受けて。工場もみんなやられてしもうたんで、金沢へ引き上げる家族を送って金沢へ来たがや。それでそれきり戻らなんでん。やたらに「セイサンニシショウ、シキュウモドレ」って電報きたわ。ほやけど戻らなんでんて（戻らなかった）、とうとう行かずじまい。こんないきさつあれん（いきさつがあるんだよ）。（＊1）

（注：1．1節）ここでは、第二次世界大戦末期に、大阪から母方の縁者を頼って金沢に戻り、用水組合に入った経緯が描かれる。事務所の名前などは当時のものである。

――辰巳用水組合（その当時の正式名称は約20行後に示すように辰巳用水普通水利組合であったが、辰巳用水組合と略記する）との関係はどのように始まったのですか。

畦地：笠舞にうちのお袋の兄貴がおった。そこの家に同居しとった。ほしたら遊んどって仕事ねえやろ、ほしたらあこ（兄貴が住む町会）の町会長の新谷《しんたに》いう新谷牧場や昔の…、町会長の奥さんが「役場（市の出張所）に人が欲しいげんけど（のだが）、畦地さん行くまさんか（行かれませんか）？」と言うた。ほいでうちのお袋が市の職員にすっと入れた。ほしたら息子おるんなら、清水（後述）さんも年やし、用水の仕事してくれんかって言われて、お袋の風鈴（お袋の付録の意）みたいにしてつんだって（連れ立って）行った。だからまともな給料はあたらなんだ（もらえなかった）。まだ16歳やったし。それからずっと続いとる。

――市役所の出張所と辰巳用水組合との関係はどうだったのですか。

（＊1）畦地さんは昭和4（1929）年6月14日に金沢市の笠舞で生まれた。父親の転勤で菊川町小学校4年生の時に大阪に移り、味原（アジハラ）高等小学校を昭和18年に卒業した。父親の急逝により浪華商業学校を中退し、通信兵を受験し待機中に、シャフトの軸受を製作していた光洋精工（2006年に豊田工機と合併してジェイテクトに社名変更した）に入社した。家族を送って金沢に来てからは大阪には戻らず、辰巳用水一筋の人生となる。

畦地：ほうやさけ、わしは以前の市役所の出張所へ入ったんや。そこの清水さんという人が税金の係と用水組合の仕事を兼務しとった。その人が72歳で杖ついてしとったわけや。清水さんが年いっとるし、用水組合の仕事をするということで入ったんや。（＊2）

――では昭和21（1946）年4月に辰巳用水組合の市の職員になったんですか？

畦地：市でねえがや。辰巳用水普通水利組合書記ちゅう辞令やった。そしたらその時分、理事長っておらんがや。普通水利組合の管理者ちゅうた。管理者ちゅうのは地区の市長がなっとった。武谷《たけたに》甚太郎さんの辞令やわいね、わしももらったが。

――ああ、合ってます。武谷さんは昭和20（1945）年に市長になってますから。

畦地：これ金沢市の用水は全部、管理者は武谷甚太郎さんやってん。長坂にしろ大野庄《おおのしょう》にしろ鞍月《くらつき》にしろ市内全部の用水管理者や、普通水利組合管理者ちゅうがや。

（＊2）崎浦役場のあった崎浦地区は、昭和11（1936）年金沢市に編入された。

1．2　事務所での駆け出し時代（注：1．2節）

――辰巳用水組合に入ったすぐの頃はどんな仕事をしていましたか。

畦地：市の出張所の小使い（下働き）や、はっきり言うたら。自転車に乗って会議の案内配って歩いたり、ほんなことしとった。

――用水組合に入ったころは、江浚《えざら》いで堀川町のところまで管理していたと聞きました。どんな仕事でしたか。（＊3）

畦地：おうそれや、昭和21（1946）年から2年か3年やわ。辰巳用水組合はその頃組合員もたくさんおった。ほんで堀川まで掃除に行っとってん。別院の裏からずっと掃除したんやもん。あの縁の下みたいなとこくぐって歩いて。（＊4）

――仕事の範囲も広く、大変だったのですね。

畦地：そうや。

――その頃は用水組合とは別にどのような組織があったので

（注：1．2節）当初の数年間の活動が描かれる。江浚い範囲は現在より随分広く、若い畦地さんと用水議員との対比はコミカルでさえある。

（＊3）江浚いとは、泥上げなど水路の掃除をすることを言い、藩政期から使われている言葉。

（＊4）江浚いを堀川町までしていたのは、入って2～3年の間である。本書で示される地名、辰巳用水施設の位置などについては、口絵4．辰巳用水全図を参照。

すか。

畦地：その時分な普通水利組合議員がいたわけや、役員も、用水議員ちゅうた。そしたら議会ちゅうたわいね。

——金沢のいくつもの用水組合が集まった会の議員ですか。

畦地：なん（そうではなく）、辰巳用水組合なら辰巳用水組合議員や。

——それをもっとまとめたようなものはなかった？　要するに市議会議員や、県議会議員のような。

畦地：そんなんとは違う。

——違うんですかね。それならひとつひとつの用水組合にあるものですか。

畦地：在所（村）行くと、村会議員の次や、要するに。

——そうか、村会議員の次ですね。

畦地：議会は市役所であった。ほうやさけ昔の建物やけど、市役所の議会のあこ（あそこ）、議事堂というかあこ座ったことあるよ、参与席。

――ということはもともと議員がいる用水組合は数が少なかったのでしょうか。たとえば鞍月用水など規模が大きいところもありますよね。

畦地：ほや、鞍月用水と大野庄用水とかは。しかし、金浦《かなうら》用水とか、小さな用水は用水組合と言うとらなんだ（言っていなかった）。土地改良区やなかったんないか。金浦用水はあとから土地改良区作ってんろ。

――なるほど。

畦地：昔からあったのは、寺津《てらづ》、辰巳、鞍月、長坂、大野庄、ほって米丸高畠《よねまるたかばたけ》（現在の中村高畠）、それと泉の七つの用水組合や。ほかにもまだある、不動用水とか大桑用水とか。ああいうのはみんな任意ながや。

――数が少ないからそれなりに権威があったのですね。（＊5）

畦地：辰巳用水組合はね、多いときは26人ほど議員がおったんねえかな。広坂で今でも九谷焼しとる店あるげん。あの人ら議員やったもん、辰巳用水組合の。

（＊5）辰巳用水普通水利組合の会員になっている村の多くは昭和29（1954）年に金沢市に編入された。したがって、畦地さんが就職した昭和22（1947）年頃の辰巳用水普通水利組合は金沢市崎浦役場内にあったが、水利組合に加入している地区の多くは当時は村であった。

――そうすると組合員は何百人ということですか。

畦地：わしの知っとるときはまだ約240人やったかな。

1．3 トンネルの盤下げ（注：1．3節）

――昭和22（1947）年に取入口の盤下げをしたそうですが、盤下げでは火薬を担いで行って実際に爆破させたのですか。

畦地：それはね、取り入れのトンネル、水が入らんようなったもんで、底盤を下げてん。そん時に、ダイナマイトで要するに爆破して、あれ見るとわかるけどはっきりと下に筋付いとる（章末の図1．補-1参照）。あんだけ深うしたんや。

――ダイナマイトはどのように現場に運んだのですか。

畦地：ダイナマイトは軍政隊がやかましい（口うるさく）いうてまだアメリカも駐留しとったし、一日300gより多くは許可ならんげん。それをはじめ広坂署（＊6）行って許可を受けて、中堀《なかほり》商店って大樋の火薬屋というか、鉄砲屋あるやろ、あ

（注：1．3節）「盤下げ」とは、トンネル下部の路盤面を掘削して、所定の高さまでに切り下げることをいう。トンネルで水を取り入れている場合は、トンネルの盤下げをすると流入量は増加する。（章末の補足説明参照）

　トンネル盤下げ工事に必要なダイナマイトを自転車に乗せて運んだ逸話は戦争直後の時代の有様と、20歳前のヤンチャな少年の行動を偲ばせる。

こに行くがや。ほうすっとあこからまた小坂に貯蔵庫あれん、そこまで取りに行くげん、その間わし待っとらんなんげん。

――小坂とはこれはまた遠いですね。

畦地：ほんであこまで中堀のじいさんが自転車で取りに行くげん。そしてその間待たせてもろて、自転車に乗せて、また上辰巳まで戻った。それを仕事にも使こうげんけども、雷管ね、あれに火つけてポーンと淵にほる（放り込む）げん。

――魚を捕っていたんですか。

畦地：（笑い声）県にしかられた。

――深さはどれくらい下げたんですか？

畦地：30せん（注：30㎝）、2遍に分けとれん（分けた）。

――2回ですね。

畦地：あこ写真見れば分かれんちゃ（分かるんだよ）、2遍掘り下げてあらん（下げてある）。

――裾のほうの色が違ってるのですね。

畦地：ほうや、ほうや。60せん（60㎝）ほど下げとらんないや

（＊6）広坂署とは現在の金沢中警察署である。場所は広坂から下本多町に移動した。

ろか、もたもたと（大体）。

——これだけ下げるのに1年くらいかかったのですか？

畦地：なん、ほんなかかっとらん。ダイナマイトでボーンと。

——そうなんですか。それでだいぶ間をおいてから2回目をしたんですか？

畦地：そんな間はあいとらんわ。

——一通りざぁーとやって次にまた下げたのですね。ところで、火薬扱うのには資格がいるでしょう。自分で発破をかけたり、つるはしを持ったりはしましたか？

畦地：なん、業者に発注したんや。そやけどダイナマイトはわしが運ぶ。いっぺんに火薬を5発ずつ仕掛けれん。ほって、火つけたらみんな横穴のとこに逃げてでて、ボーン、ボーンと音したら一つ、二つ数えて、五つ鳴ったら入る。一つでも残っとったら危ねえげん。ほやさけその数よんどいて（かぞえておいて）5発になったら「済んだぞ」と。われ先に見に行ったわ。

——そうか、まあ比較的短期間にやったということですね。

畦地：ほうや。もちろん水いるさけ。
――そうですね。怪我人とかいなかったですか。
畦地：そんなことはなかったけど。
――70年ほど前ですね。
畦地：ほうや。
――わかりました。

【補足説明】
　東岩取入口付近では、大正２（１９１３）年と昭和22（１９４７）年の２回にわたり盤下げが行われた。盤下げ区間の長さは大正の時は２４９ｍであり、昭和の時は２１５ｍとなっており、盤下げをした区間は天井高が他の区間に比べて非常に高くなっている。畦地さんは２回目の盤下げに参加した。図１．補-１の上では、トンネル側壁に白い筋（上段）と薄い褐色の筋（下段）を見ることができる。

図１．補-１：東岩取入口近くの隧道内部の盤下げの痕跡

第2章　辰巳用水の管理とは

第2章　辰巳用水の管理とは

2．1　上流部の管理通路（注：2．1節）

(1)　管理区間

――辰巳用水土地改良区が管理しているのは辰巳用水の上流からどの区間ですか。

畦地：管理区間はこの取入口、東岩《ひがしいわ》からだいたい小立野《こだつの》水門までの間やね。（＊1）

――この事務所の前あたりですね。

畦地：そうや。

――その間にトンネルもあればトンネルの横穴もあり、開水路になったり水門もあったり、さまざまなものがありますね。東岩取入口まで8㎞ほどありますか。

畦地：そうやね7㎞、8㎞かね。

（注：2．1節）管理通路に関する、畦地さんからの聞き取りをまとめた。また、聞き取りに触発されて、「辰巳用水にまなぶ会」（以後、まなぶ会と書く）が踏査した結果および、それに関する議論を紹介している。

（＊1）本書で示される地名については、口絵4.辰巳用水全図を参照。

――トンネルはその半分位ですか。

畦地：ほうや。

（2）管理通路及びトンネルとの関係

――昔はトンネル沿いに管理通路（章末の【補足説明】東岩取入口付近の管理通路と仮通路を参照）があったと聞いていますが。

畦地：昔は下流からずっとあった。ずっと歩けてんわ。ずっと取入口までね。

――辰巳用水の崖側ですね。昔の管理通路があったときには、畦地さんの記憶ではかなりの通路を歩けたのですか。昔の方が管理はしやすかったという感じですか。

畦地：そうやね。

――横穴に行くたびに覗いては管理していたのですか。

畦地：ああ、それはできた。

――用水の中はトンネルに入って見るより横穴からのぞく方が

いいのですか。管理しやすいのですか。
畦地：ほうや。横穴から覗くとだぶーとしとる（淀んでいる）ことある。これはどこか下流で流れ難くなっとると分かるわ。
――トンネルの中に入ってしまうと、真っ暗だし、位置や全体の様子も分かりませんね。畦地さんは用水全体を知っているので、そういう意味では外からの管理の方がしやすいわけですか。
畦地：トンネルの中入って点検ということは水止めんと入れんし、なかなか一人ではできんわ。やっぱりね一人でトンネルったら（トンネルに入るのは）怖いわね。
――滝乃荘（＊2）付近の崖に管理通路があり、昔の荷車などが通れたと以前畦地さんから聞きました。
畦地：管理通路というのはずっと東岩取入口まであったよ。昔は全部あった。ほいでこれはわしの爺《じじ》（＊3）から聞いた話やけども、侍が馬に乗ってずーっと上辰巳まで、お城から上辰巳までずっと管理通路、用水の縁の道路があって馬に乗って回っとった。手を洗っとったら叱られたと、爺はよう言うとったわ。

（＊2）金沢市末町にある温泉旅館
（＊3）畦地さんの母方の祖父である。第10章に詳しい。

――その管理通路らしきものが今も残っているところはありますか？

畦地：今遊歩道になっとるとこ全部ほうやわ。今用水堤いうとるけど。ほれから要するに犀川浄水場の裏、あこらあたり、用水堤になって、草ぼうぼうになっとるけれどある。（＊4、図2. 1-1～2. 1-3参照）

――末町《すえまち》の、トンネルでない箇所ですね。

畦地：トンネルのとこもあってんけども、トンネルのとこは崖っぷちやから崩れてなくなったところもある。昔はわしら歩いたよ、ずっと歩いたわ。トンネルのとこも全部歩いたよ。

――滝乃荘へ下りて行く県道からすぐ横に辰巳用水の横穴を見ることができるところがありますね。

畦地：横穴あって、あこ柵してあるけど。さらに上流は、あこはね、もうセメントで吹き付けてしもて全然道ないようになってしもとるわ。あこ昔わしは全部歩いたんや。50年ほど前はまだあったということねん。全部歩けた。

（＊4）トンネル区間が終了し開水路区間に変わる付近に犀川浄水場がある。この区間は斜面の中腹辺りに平坦な地形が続いており、付近には石積みが残されていることから、以前は管理通路として使われたことが確認される。しかし、現在は使用されていないため、草木が繁茂し荒れた状態になっている。

図2. 1-1　犀川浄水場付近の管理通路（左に石積み）

――あとトンネル区間のとこに管理通路がまだ残っている箇所がありますか。
畦地：あこら開渠《かいきょ》のとこあるさけ、70mほど開渠になっとれんわ。トンネルの間、あこはいくらでも見れる。馬洗い場いうてちょっとダラダラとなって、用水路の中へ馬入れて洗っとった。
――馬洗い場というのは？ 簡単に入れる場所でないと駄目ですね。
畦地：ああ、入っていける。まあちょっこ（少し）山道みたいなとこやけど。今ちいちゃいバックホー（主に土砂などをオペレーター側に掻き寄せる建設機械）入れて工事してん。竹やぶの中やし。
――そういえば民家と民家の間に下へ下りる狭い道がありますね。
畦地：うん。そこへ一番小さいバックホーがすれすれで入って行けん（入って行ける）。

図2. 1-2 馬洗い場とされる箇所（馬を洗う話は農業用水となってからである）

図2. 1-3 下辰巳町の管理通路（横穴に樋口がある）

――今言われた現地をご案内いただくことになるかもしれません。

畦地：おお、行こうと思えば行ける。

――管理通路が東岩取入口まであったという話については皆さん非常に関心を持っているんですよ。

畦地：ああ、涌波《わくなみ》の部分では今遊歩道になっとる、用水の脇の通路。

――遊歩道の脇からその上流側のところにずっとですね。

畦地：全部あったがや。わしら歩いたもん。

――今、管理通路を現地で確認作業中です。踏み固められた道路の痕跡があったり、石が並べてあったりする部分を見つけていて、そうした場所と明治九年絵図との対比を進めています。

（3）管理通路の課題

――今は、トンネル区間では歩くことのできる管理通路がほとんどないように思いますが。

畦地：今じゃ管理通路ってトンネル区間ではほとんどないわ。
――なるほど。しかし、下辰巳か上辰巳かあの辺の竹藪を入っていったところに簡単に行けそうなところがありますね。
畦地：うんある。そこはあるわ。
――ああいう箇所は今まったく使われないし、整備はしないということですか。
畦地：ほうやね。あこまで手が回らんというのが事実やわね。ただ、各町の人が自分の田んぼへ水を入れる樋口（＊5）があるわね。そこへ行くために歩くようになっとる。辰巳のどこやらもそうやわね、道を歩いて行って横穴の中に樋口があれん。町の人が歩いて行って、管理するさけ、そんなんはちゃんと残っとるわ。
――外からの管理が必要であれば、管理通路の整備を全線にわたってできるかは別としてもできるだけあった方が今後の維持管理もしやすいことになりますね。
畦地：ほらそうや、しやすいわい。

（＊5）樋口とは、小さい水門のことを指す。

――ただ予算と労力がないということですか。

畦地：前あった計画の時にはそれもみんな復活して歩けるようせんなん（にしなければならない）いう話は出とってん。トンネルの中の話もあるけど。

――そうですね。一体として整備をすべきという整備計画の中で、涌波区域のように遊歩道としてきれいになっているところがあります。開水路の横が遊歩道になっていて、ものすごくきれいになっていて自転車も通れます。極端に言えばああいう道路ができれば最高でしょうけど。

畦地：そうやね、遊歩道みたいにね。あれもずっと遊歩道になっとるのは、堤塘敷《ていとう》（土手）でゴミあげてあったんやね。でも我々が昔から聞いとったのでは昔は殿様用水であって、金沢城の侍が水路を守るために馬で管理通路をずっと上まで見廻っていた。それだけ馬が歩く道はあったということや。それがそういうことせんがになって（しなくなって）民間払下げになり、民間で管理するようになったら泥揚げ場になってしまった。ほんでガタガタになってしまった。ススキが生えて、すごいもんやったもん。あの涌波の遊歩道のあこらでも、草をかき分けて歩いとったもん。（図2．1-4参照）

――それは開水路のところですか。

畦地：うん、わしは涌波の遊歩道の続きとして、ずっと上流の犀川浄水場まで整備できればいいなと思うとってん。

――涌波の遊歩道はものすごく見晴らしの良いところですね。あのようなところが増えると良いと思います。

2．2　東岩取入口の管理（注：2．2節）

（1）東岩取入口の管理

――普段の仕事の話を聞きたいと思います。管理の上でつらい思いがあったと思います。季節的に、春の時、夏と秋とそれぞれまた違う仕事があると思いますがどうでしたか。

畦地：トンネル区間というのは別にしょっちゅう見て歩くわけ

（注：2．2節）用水組合にとって取入口の管理は最も重要である。具体的な作業内容、水門周辺の流れ、遠隔操作、最近においても課題が残る上流からのゴミ問題などが描かれる。

図2．1-4　遊歩道が整備される前の涌波の開水路（『加賀辰巳用水』より）

でもないし、ただ取入口にゴミが掛かったりするわね。昔はわしもゴミを外しに行ったたし、水門番やった辰島《たつしま》吉太郎、市造さん親子も行ってゴミ外しとったがね。だいたい水門の管理ってゴミ掛かったら掃除するとか、あとの水門操作は水門番が全部するさかいに、水門番に任せてある。途中に開渠部分があったら台風とかそういう場合には倒木がないか、その他も心配やから昔は直に見に行って点検した。最近は各町から出てる役員に自分の町の水路を見てくれと、今朝も点検をしてくれということを電話で話しとる。昔は実際自分で行ってずっと見て来とった。（図2．2-1参照）

――台風の時などの東岩取入口の管理はどのように行うのですか。

畦地：台風の時などは水門を全部閉める。しかし、120～130（㎥／秒またはt／秒）を超えるような流れが起こると、鉄柵の上までバーと水位が上がり、ほうすっと中へ土砂が入る（＊6、図2．2-2参照）。これは本当に大水の時や。そして、辰巳ダム完成後は大水は取入口には向かわんようになったので、今ではトンネルに入る土砂は少なくなったわ。操作盤が辰巳ダムの事務所脇にできて、操作も楽になった。

――勤務日はいつですか。

畦地：月曜から金曜まで。

――勤務日以外でもあそこが詰まっているとか、どこかがちょっと壊れているなど苦情が家にも電話が掛かってくるのですか。

畦地：掛かってくる。

――そうすると、そういう時は、またそのまま出かけていく、あるいは次の朝明るくなってから出かけるのですか。

畦地：まあ緊急の場合は行かんなんね。今朝がた朝5時にダム（犀川ダム）から電話かかって、ダム放流するさけって。ダムも夜中であろうがなんであろうが放流するときは必ず電話かかってくるし、びっくりすることあるわ。

――なるほど。それを聞いたら誰に伝えるのですか。

図2. 2-1　東岩取入口とゴミ除けスクリーン

（＊6）谷斜面は鉛直でないので、水門を閉めても、水門高さを越える洪水が起こると、水門上部と谷斜面の空間から水がトンネルに入る。

畦地：今度は地域の役員と水門番。
——なるほど。
畦地：関係のある、上辰巳とか、辰巳とか、末とかそこの役員には犀川ダムから連絡があって何時から何十分放流しますと、こう全部連絡すれんわね（するんだよ）。今朝も全部連絡してきた。
——全部一人でやるということですね。普通の下流地域の開水路だけの用水の管理と違いますね。大変だということは誰でも分かりますが、具体的にどう大変かということはなかなか伝わりません。
畦地：いやほんなことは誰も知らんわね、はっきり言うたら。ダムはぽんと電話かけてくる。こっちはほしたら全部言わんなんがやね。
——ダムから「何十t放流します」と連絡があったら取水門を閉める以外に何をしなければいけないですか。
畦地：やっぱあの、大きな水の時は水門閉めんなん。けんど、

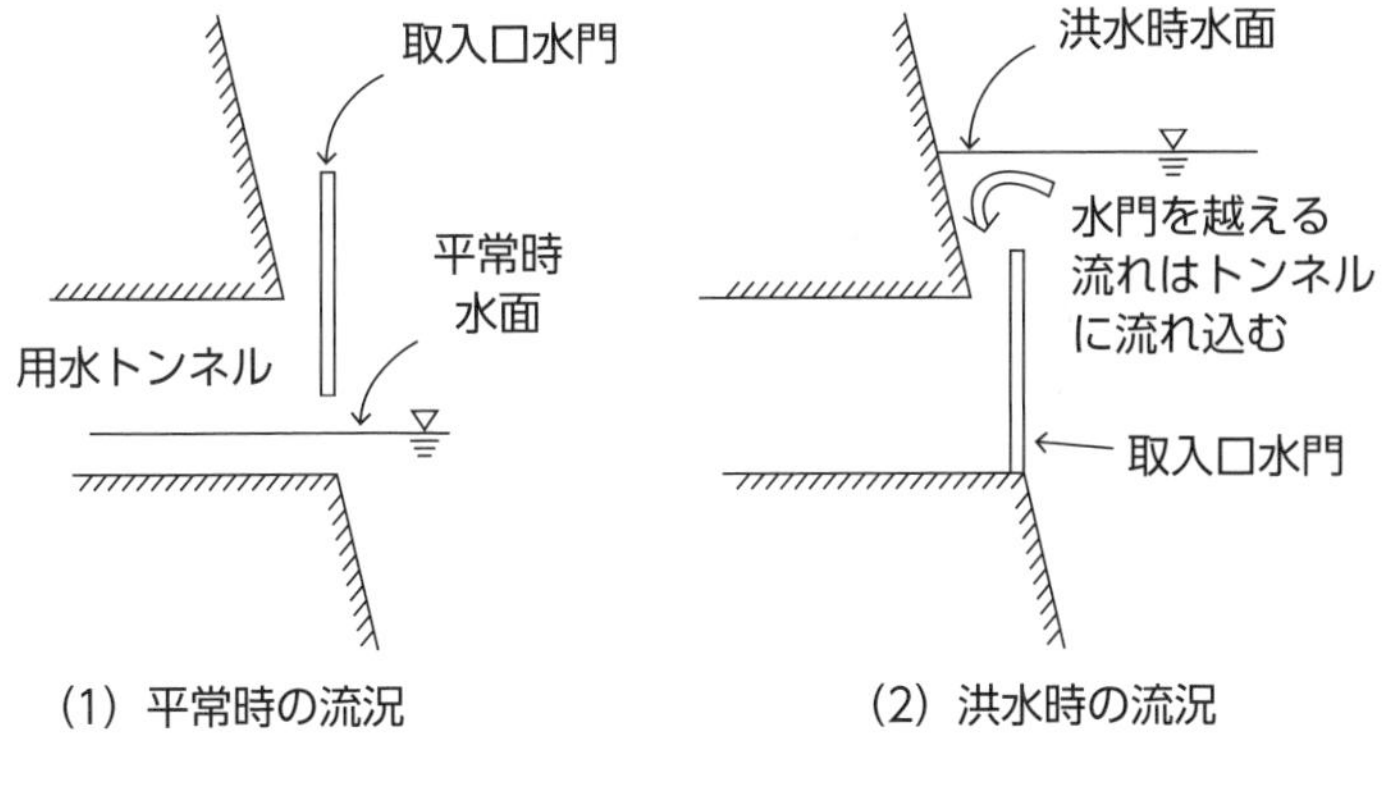

図2. 2-2 平常時と洪水時の流況

犀川ダムが放流しても、普通では水門は水没したりせんわね。そやけどダム放流するとすぐゴミが来るげん。困るのはそのゴミの処理や。

――そうですか。ゴミ処理が大変なのですね。

（2）ゴミの問題

畦地：ほしたら今弱っとるのが、犀川ダムが放流するやろ、そうすっと水門にびしーと、いっぱいゴミ掛かっとれん（掛かっている）。葦《あし》の枯れたのが。ほうすっとピターンと水が止まってしまう。ほしたら水が来んて（来ないので下流側から）叱られる。ほいで水門番に水門開けたやろなと聞いたら、開けた。開けても全然こんげん。ほれをこんだ（それを今度は）辰巳ダムできたら外しに行けんがや、なかなか。昔は河原まで車でびゅーと入っていってほいであこからすぐ外せてん。

――ゴミと言っても、一人ではなかなかできませんね。どのようにしてやっているのですか。

畦地：そうや、水門番が年いっとるし危ないしね。鳶口《とびぐち》を持って命綱付けて鉄柵に上がるんや（＊7、図2．2-3参照）。今はもう辰島さん辞めて若い北忠男さんちゅうのが、金沢市企業局に行っとった彼が今なんとか引き受けてくれとるさけ。

――そうですね、若い人でないと難しいでしょう。若いといっても北さんも六十を過ぎていますね。

畦地：ほんで、県にお願いに行こうと思っとるねんけど何かうまい工夫ないか？

――ある程度までの流量は辰巳用水の東岩取入口の方向に流れるような形になっていて、大きな洪水は辰巳ダムの洪水吐きに向かう、と聞いています。だから大きなゴミは来ないと思いますが。

畦地：いや、それがけっこうでかいやつが来るげんて、不思議に。取りたいけど機械が行かんげんていね（行けないんですよ）。

――車は辰巳ダムの下流左岸側の台地から坂を使って河床へ降

（＊7）スクリーンにかかるゴミ。流木等が絡むと水門番だけでは撤去できないため、業者に依頼しなければならない。

図2．2-3　ゴミ撤去の様子。流木等が絡むと水門番だけでは撤去できないため、業者に依頼しなければならない。

りて行けるようにしてあると思いますので、重機もどれだけか東岩取水口近づくことができるように思いますが。（図2．2-4参照）

畦地：なんか重機行っても届かんとかなんかそんなこと言っとった。

――今一番大きな問題はその東岩の取入口のゴミをどうやって除くかということですか。

畦地：ほうや。それに対してこっちも人夫賃やっぱ出しとれん。

――それは同じ土地改良区の人にさせる場合ですか。それともどこか別個に委託しているのですか。

畦地：水門番ともう一人とで作業する。一人で行くなと、誰か連れて行けと言っとる。逆さまに落ちたりしたら大変なことや。管理には苦労するということや、水門の管理に対しては。

――辰巳用水の管理としては、開水路の管理やトンネルの管理がありますが、水門の管理では、出水時や出水後の全閉・全開の作業がありますね。また、水量の配分・調節もありますし、微調整も必要でしょうから、水門の方が神経を使うということ

図2．2-4　辰巳ダム低水放流部と東岩取入口の位置関係（バックホーが相合谷方向から坂道を降り、中洲を通って上流に来ても川が深くて東岩取入口には近づけず、取入口付近の大きなゴミなどを除去することはできない）

ですね。
畦地：ああ、そうや。
――水門操作で苦情が出ることはありますか。
畦地：苦情ではないけど、田んぼに水入っとる思ったら入っとらん、こっちは東岩取入口の水門開けて入れたはずなのに、水が来とらんいう。なるほどトンネルを覗いたら水来とらん。で、ありゃこれは東岩取入口のスクリーンにゴミ掛かっとるんやとこうなるんや。

2.3　水門の管理（注：2.3節）

(1) 水位調節

――水門の維持管理の方はより神経を使うという話がありました。それはやはり物が引っ掛かったり、堆砂したりすることが理由ですか。
畦地：要するに水の加減やね。水門てちょっと上げてもガクン

（注：2.3節）用水における流量の分配の難しさ、即ち微妙な水位調節には熟練が求められることが描かれる。辰巳用水を流れる全量については、現在では土地改良区事務所から犀川浄水場へ連絡すれば分かる。また、洪水の時の水門操作も描かれる。

と減るし、水の水量の減ってくると同じように出るとよくないし、その管理、水門の調節いうのは難しいもんや。水門番というものはなかなか今日からおまえやれ、と言われてもできるもんではない。ものすごく経験が要る。

——水門の調節には決まった規則がありますか。それとも勘と経験でするのですか。

畦地：まあ勘やね。わしは水門操作はあんまり分からんけど、それが水門番の仕事やね。

——畦地さん自身はそういう水門番というものはやっていませんか。

畦地：わしは大道割《だいどうわり》放水門と末の鳩《はと》放水門、これは加減するんじゃなしに開けるか閉めるかや。

——排水専用の水門ですね。

畦地：大雨の場合は開けるとか。

——洪水調節する水門と利水調節する水門の両方があるんですね。

畦地：担当の大道割放水門と末の鳩放水門では、最近は緊急の場合は市でリモコンで下げてしまうさかいに、楽になったわ。昔は夜中にでも走ったわね。

――下流の方から水が少し足らないと言ってくる時はどうしますか。

畦地：足らんというとどこで足らんようになっとるか、取入れからどれだけ入っとるかこれは発電所へ電話かけて聞けば（＊8、図2．3-1参照）、発電所のとこで水量何cmまで入っとるって分かれん（分かる）わね。そしたら発電所では現在水深何cmやと、ほんなら足らんなとすぐ分かる。ほやさけ25cm割ったらもうお終いやわね。35cmぐらいまで来とれば大体下まで大丈夫やわ。でも、これは自分の勘やわね。

――そもそも田んぼに水を供給するための樋口はいくつありますか。

畦地：二十数カ所ある。28かな。

（＊8）畦地さんがいう発電所とは「新辰巳発電所」であり、発電所の下に辰巳用水の水位計が設置されている。現在は上水・発電課（犀川浄水場）に尋ねれば水位がわかる。

図2．3-1　新辰巳発電所下の水位計

（2）樋口の決まり

――樋口が全部で28あるということですが、樋口は誰が操作するのですか？

畦地：あれは生産組合、各在所の。涌波の何番樋口とか、三口《みつくち》の何番樋口とか名前あれんけど今は廃止したのもあるから、小さいものは在所在所で管理しとる。生産組合や。

――ちょっと穴を空けたような小さな樋口もありますね。

畦地：あれもね、昔からとても厳しい。決まっとれん何寸坪（セキとよぶ）って。何番樋口は何セキって。ようするに1セキは一寸四方、それが決まっとって用水の堤をくぐって田んぼにかける。これの勾配まで決めてある。勾配をきつくすればよけい出る。勾配まで決まっとれん（決まっている）。

――そういう水門管理の規定は文書にして、あるいは図面としてあるのですか。

畦地：ない、ねえがや、昔からのやし。

――今後若い人ばかりになって、水が足りないとか足りるとか言っても何のことか分からなくなるから対応を考えておく必要がありますね。別の話題に移りますが、渇水で水不足になった場合にはどう対応していたか、聞かせて下さい。

畦地：昔は番水《ばんすい》というのがあって、小番水、大番水があってんわね。大番水っていうのは犀川水系の用水組合全部の関係なんや。要するに、他の用水組合のために辰巳用水組合の水門を何時から何時まではは何寸さげて、犀川へ水を流してやる。これが大番水やってん。どこの水門を何寸下げる、とか、何時間流したらまた上げる、を決めるんや。そしたら実際にほんだけ下げて閉めてあるか、下《しも》の連中が番しにくる。ほんで番水ちゅうげんね（というのだ）。小番水ちゅうたらこれは辰巳用水組合の中の話で、例えば涌波の樋口を何時から何時まで閉めて三口の方へ流してやる、これをまた三口の連中が涌波の樋口行って番すれん。昔はいっぺんね、夜中に本当に守っとるかわしらでも見廻ったことあるわ。

――樋口というものはどのような穴ですか？ 開水路のところにだけあるのか、それともトンネルのところにもあるものですか。

畦地：その樋口によって、でかさは違う。樋口の場所はみんな在所の上にあれん。辰巳用水は上にあるさけ、そこからこういう樋口を作ってそこから水を落とす。ほしたらその樋口の大きさが一寸四方で一セキというのかな、そしたらそのでかさでなんセキ、なんセキって決まっとるげん。三口なら三口で何セキって割り当てがあるわけや、横から抜いてあれん。厚みは堤の幅や。昔は勾配まで全部立会いして。勾配強くすればよけい落ちる。そんながで勾配までやかましいうとったんや。ほいで樋口はトンネルの中でもあれん。やっぱり。外へ出しとるわけや、横穴から。末やったら横穴入って樋口開けてそこから出しとるとこある。横穴の中に水門があって、横穴の中をずっと掘ってあれん。ここの中通しとる、ほんなの2カ所か3カ所あるわ。ほやさけそれは横穴入っていくと水門あれん。その水門

図2．3-3　開水路の樋口

図2．3-2　トンネル内の樋口

開くと在所へ落ちる。大きさとかそんなもんはやかましかってんわ。(図2．3-2、3参照)
――そういう例をいくつか現場で写真を撮れますか。寸法を測りたい、そんなこともしたいと思います。またご案内をお願いします。
畦地：そりゃ撮れる。

2．4　トンネルの管理(注：2．4節)

(1)　上流はなぜトンネルか

――上流はほとんどトンネルの区間ですね？ 小立野台地の崖の斜面を水路を通すときに、いわゆる開渠よりもトンネルの方がいいと思って造ったのではないかと思いますが、トンネルでしか行けなかったのか、どうでしょう？

畦地：上か？ 上の方はやっぱトンネルでないと行けんげん。

――トンネルか開水路かという根本的な話しになります。たと

(注：2．4節)上流部ではトンネルが安全、しかし落盤の危険、土砂の堆積などが描かれる。

えば今なら桟橋工法みたいに崖っぷちにU字溝の大きいのを敷設して基礎を固めていくというやり方もやってやれないことはない。しかし、開水路であればゴミが入ってきたり、雨が降ったら崩れたりということがあります。上流は地形などにより、開水路はリスクが大きい。トンネルは大変だけどいったん完成してしまえば、維持管理はしやすいということなのでしょうね。

畦地：ほやけあそこら開渠やったとこを後からトンネルにしたとこ何カ所もあるげん。末のあのどう言うていいか、犀川浄水場から上の方やけど、あこらずっと開渠やった。ほれを今はトンネルにしてあるわ。（＊9、図2．4-1参照）

——破壊された開水路を放棄してトンネルを奥に新設するのは、そこを開渠にすると維持管理が大変でリスクがものすごく大きい。そのかわりお金がかかってもいいからトンネルでしまう、ということだったと思います。

（＊9）畦地さんの説明は犀川浄水場より上流の区間に関するものである。『加賀辰巳用水』に述べられている「天保期に開渠を埋めて管理通路とし、隧道化を進めていった」とする内容に一致している。

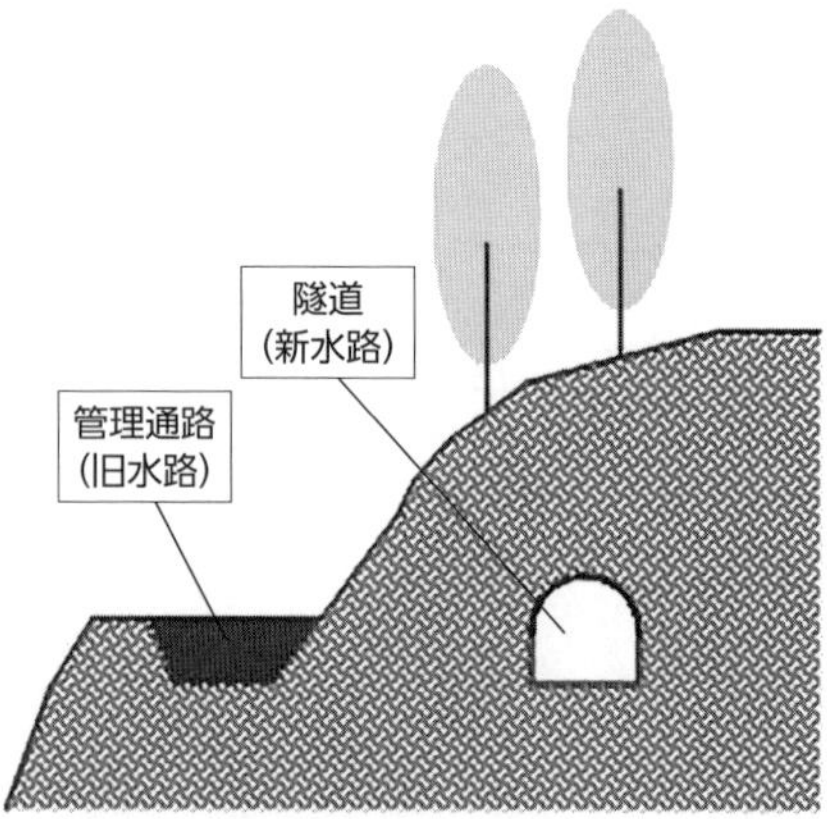

図2．4-1　用水路改修法の一例

（2）トンネルでの落盤

――トンネルの維持管理では、落盤で天井が落ちたりそれから崖崩れがあって土砂が入り込んで来たり、という問題がありますね。

畦地：ある。

――その場合は重機も思うように使えないし、修復は大々的になり予算も大きくなりますね。

畦地：ほうや。

――そのような規模の大きい工事は金沢市に申請して施工をするのですか。

畦地：ただ、今のとこは幸いにそういう大きな崩落っていうのはないげん。年間市単工事（国や県の補助金を含まない予算）で百何十万円を毎年みたいにもろとるわけや。百何十万、少額なんとかかっていうが。

――それは県と市が両方負担してくれますか。

畦地：なん、市や、市単工事。それで毎年少しずつ直しとれん

（直している）。

――年間の維持管理費が決まっているのですか。

畦地：いや、年間決まっとるわけではないわ。ま、辰巳用水土地改良区は毎年こんだけの予算は市で今年はどこやら、今年はどこやら、ほんで11月末か12月の初めに全線点検、トンネルの全線点検というものをして、今年はここ直さんなんなと直すところを決めて、補修している。これは今のとこずっと前から毎年少しずつ少しずつ、ただ永久的な工事はできんわけや、金額少なくて。それで支保工《しほこう》組んだり、ああいうことをしとれん。

――そのためトンネル全線を点検するわけですね。

畦地：毎年やっとる。定例で。

（3）トンネルの現況

――トンネル部分の維持管理で一番多いのは、江浚い（P.19参照）と落盤の問題ですか。

畦地：ああ、落盤とか横穴からの土砂のずり込みやね。これはほんとにようあれんわ、横穴からのずり込みっていうのは。

――ずり込みとは、土砂が横穴から用水路に入ってくることですね。

畦地：今は上辰巳のとこ全部で半分ほど、水路半分埋まっとる（＊10）。ここんとこを子どもが歩いては見学しとる。

――横穴は、水平なところと、傾斜しているところがありますね。

畦地：たいてい傾斜しとる。もちろん用水と高さ一緒なら水は出てしまうし、高くなっとれんわ。

――土砂はどうやって横穴に入るのでしょうかね。上から垂れてきたりしますか。

畦地：それもあるし、それからトンネルの中に岩の崩れたのがあると外へ持って出れんもんやから近くの横穴へ積むげん。

――そうすると横穴に積んだものがまたトンネルの方にずって戻ってくるのですね。

畦地：それから上に天井板渡したトンネルあって、上に石をのせてあれんて。危ないげんて。

（＊10）水路底面と横穴との段差の半分が埋まっている、という意味である。

——確かに乗っている。そういう箇所がありますね。
畦地：今はそういうことすんなと言ってあるけど、昔の板あてたやつは全部上に石いっぱい乗っとれん。
——そうそう。あれはトンネルの天井の岩石が落ちて止まったのかなと思っていました。そうでなくてトンネルの底の土砂を持ち上げたわけですか。
畦地：天井から落ちたのもあるやろうけど、トンネルの底の土砂を持っていくところがないもんやさかい。
——そうですね。わかりました。トンネル部分はもちろん江浚いもあれば、落盤防止、土砂対策、横穴の問題とか、色々課題があることがわかりました。この他印象に残るような経験などありますか。
畦地：やっぱりひどい目にあったいうのは水が詰まってしまった時や。要するに木の大きいものが流れ込んでトンネルに斜めに引っ掛かって、これにゴミが掛かって詰まってしまい、水がいっぱいになったと。ところがこれが今度外しには行けんがや、いっぱいになっとって。下からやったら鉄砲水になる。

――ああそうですね。それは大変だ。

畦地：物騒ねんて。その場合はとてもじゃないけど用水人夫じゃできんげん。そんで業者頼んでするよりしゃあない。

――まあ、業者にしても怖いでしょうね。トンネルには、重機が入れませんから。

畦地：ほんなことは二、三遍ある。

――そのような大きな木がどうして取入口のところを自由に入ってくるのですか。

畦地：あれね、本当に不思議なもんやわ。歩み板みたいに厚い、長いものがそこまで来とれんよ、流れて。あんなもんがどうしてカーブやらなんか流れてきたんかと思って。この板はなんやろうか、よう考えたら上の支保工の板ねん。カスガイついたまんまねん。

――なるほど。

畦地：ここの役員の人が「畦地さん、この板貰っていっていいか？ 歩み板にするわ」言って、持って行ったわ。ほんな板やよ。そんなものが曲がりくねった中をトンネルの中からずっと流れてここまでくる。ほんとに不思議ねんてね。そういうことは二、三遍あるわ。

——トンネルの維持管理は1年を通じて江浚いのほかに何をしますか。

畦地：あとは点検までなんもせんわ、11月末か12月の初めやわ。

2．5 水路の管理（注：2．5節）

(1) 管理と江浚い

——昔の水管理は江浚い（図2．5–1参照）ですかね。藩政期の話ですが、藩に任すと農民の思うように水が取れないとか、全部農民に管理を移せという陳情をしたという話が『加賀辰巳用水』には書いてありました（第4章＊1参照）。そういう問題について何か言い伝えはありますか。

（注：2．5節）辰巳用水は上流のトンネル部分を抜けると開水路となる。この部分の管理が描かれる。斜面林に恵まれた区間では生き物も登場する。下流の中心市街地では用水をまたいで公道から自宅へ入る家屋も多く現れた。辰巳用水の底地は国有地であり、用水に橋を架ける許可、占用料徴収の具体的事務は辰巳用水土地改良区の仕事であった。そうした事務の苦労が描かれる。

畦地：ほりゃ昔は金沢城へ水入れるための水やさけ、お城の方だけ優先しとるから、田んぼへは農家の言う通り水もらえなんでん。ほうすると水盗みやら…。

――江浚いするときも深く掘ると取入口が上がるから水が入ってこないので、江浚いは農民に任せてほしい、というようなことが書いてありました。

畦地：上流の方へ行くとね、樋口が底から上へ行くごと上にあげてある。水が減ったら出んようになるから。全部上辰巳のトンネルくぐってみるとわかれんけど、底にないげん。上にあがっとれん。最近は水足りんようになるとそこへ入ってせき上げする者がおれんて。それは違反行為や。

――上流で水を取りすぎない工夫をしてあるのですね。今でもそういうピリピリとした状況がやっぱりあるものですか。

畦地：今は昔みたいにケンカすることはないさけ。

――樋口の管理がちゃんとできる人が減りましたね。各農家の人も若い人ばかりしかいないようになってきて、昔の作法は分

図2．5-1　江浚い

からなくなってきたと思います。
畦地：ほうや、だいたいが田んぼが減っとるさかい、そんな水がどうやぎゃあぎゃあ言わんようになった。
――そうですね。田んぼに水があまり要らなくなったら水騒動もないわけですね。
畦地：なんもない。ただ辰巳用水の場合は果樹園があるもんでね。消毒に用水の水を使こうげんわね。よう11月の終わりとかになって消毒するときに水が来んと叱られれん。昔は兼六園を二の次にして田んぼ優先してとっとってん。最近は兼六園を優先しとれんわ。これなんでかといったら、やっぱり今じゃ田んぼ減ったら賦課《ふか》金が余計入ってこんさけ、兼六園にウエイトを置いとる。やっぱお金も貰わんなんことやし。
――なるほど。
畦地：それで兼六園を優先しとれん。昔は渇水になったらすぐ兼六園を止めることを考えてんけど、今は田んぼを節約して兼六園に回す。こういうことをしとる。

――それのコントロールは末町の犀川浄水場付近にある兼六園専用管の取入口ということですか。

畦地：うん。

――話は変わりますが、『加賀辰巳用水』に書いてあったことですが、昔の塩硝蔵の裏の囲い付近が非常に土砂がたまって、江浚いに475人動員して云々と書いてありましたが、そのような場所もあるのですね。

畦地：やっぱり流れの緩いところ、勾配がないとこは土砂が溜まる。

――開水路であれば外へ放り出せばいいでしょう。そうでもないですか。

畦地：ほうでも涌波は土砂溜まらんほうか。これのこさ（このことは）昔の話や。塩硝蔵の用水の水を取水するところは水車を回していたさかいに、水路をせばめて流れを急にして傾斜つけて石畳敷いてあってん（＊11）。そこだけがものすごい急流やってんわ。今でもそこいったら急流なっとる、見たらすぐわかる。

（＊11）現在の状況では遊歩道の中央付近（錦町地区と大桑地区との境目に当たる）部分である。塩硝蔵と塩硝坂を結ぶ橋が架かっている部分の上流側に水路幅の狭い箇所があり、水流を速くして水を引き込んで水車の回転数を上げるためだと考えられる。

幅も狭いし。あそこに水車あってん、わしら石畳みあったんよく知っとれん。それを底が漏るようになって、石畳みをおこしてコンクリにしてん。今思ったら失敗やったなと思って。

（2）がけ崩れで用水が抜ける

——昔（犀川ダム完成前）は大雨の時には東岩の水門を全閉にしたのですか。

畦地：ほうや、閉めたがや。それでもまあ、もちろん入ってくるけど。

——辰巳用水の下流で水が溢れたのは、東岩取入口以外からも用水に入ってくるからと考えればよいですか？ 確かに末町からの排水が入ってきます。東岩の取入口のせいではないのですね。

畦地：他から入ってくるさけ溢れる。雨降ったら大道割の森林組合のあこ（駐車場前）の坂あるやろ、あの両方の側溝からでもでかいほど（ものすごくたくさん）水出てくるよ。

――用水背後からの排水が辰巳用水に流入すると、その対策は大変だと思います。たとえば末町の排水を辰巳用水に入れないように辰巳用水と立体交差して排水路を設けなければならないですね。排水を用水へ入れることは許されないと思います。

畦地：あこに一本、あれ、すごいでかいことくれんよ、水。ほって水だけならいいけど、土砂持ってくれんわね。あこが一番危ねえとこ、あこでいっぺんガバーと抜けた。（図2．5-2参照）

――土留めからですか？　これは急斜面？　山の。

畦地：ほうや、急斜面や。それが水路を押し流したんや。ほしたらこの下が田んぼやってん。田んぼの際まで来た。

畦地：今抜けたら大変や。浄水場の貯水池になっとる。田んぼやし、まだよかってん。

――この辺の田んぼ、隠れ田んぼとか言われてなかったですか？

畦地：わからんけどね。末の隠し田いうた。ほして米の厳しい供出せんなんときでも…。

図2．5-2 用水が崩落した個所（昭和36年）。緊急に通水させるため、崩落箇所に木樋を架けている。

――ちょっとそれで自分たちの食料にしたということですね。
畦地：ほとんど一軒の家の田んぼやったと言われとる。

（3）石積み用水路と生き物

――用水の川底は砂利ですか。それとも本当の泥なのですか？
畦地：泥やね。
――泥なんですか。どういうふうにして水路を護っているのですか？
畦地：それから石積んだとこもある。
――石も積んである。玉石積《たまいしづ》みが多いかもしれません。空積みだったと思う。
畦地：ほうや。
――中にコンクリートは無かった。
畦地：あのね、昔は胴木《どうぎ》っちゅうて下に木を入れて上に石を積む。
――そういう玉石を詰めた型枠は、いろいろな魚が入ったりするのにいいじゃないですか。

畦地：そこまでわしら知らなんだ。子どもの頃は用水入っては、石垣の中になんかおると石垣みんな引っ張って崩して、ほいては叱られたもんや。

――やっぱり子供はそこで魚を捕ったりもして。

畦地：辰巳用水じゃないけど、わしが笠舞《かさまい》におった時分は、猿《さる》丸《まる》神社横の不動用水、あの石垣を崩いては叱られたもんや。

――私は猿丸神社辺りにはドジョウをよく捕りに行った覚えがあります。ドジョウはたんぱく質が多いんで、食べ物がなかった当時は晩飯の味噌汁に入れて食べました。

畦地：カニおったわいや。あそこ。

――モクズガニですね。茹でて食べたら結構おいしいでしょう。

畦地：いや、わしゃ食べたことない。

――ドジョウはいるし、フナもいるし。

畦地：ほうや、ドジョウおるし、フナおるし、それからグズグズちゅうてゴリみたいな、あんでグズグズいうて。

――ああ、ゴリみたいなものですか？

畦地：ああ、そうや。

――ゴリもいたのですか？

畦地：犀川はゴリおったけど、あんなとこにはゴリはおらん。

――犀川の鞍月用水のとこにぺたっとはりついたりしていました。

畦地：昔は犀川の石をまくると、ゴリはようおったわ。

――ゴリかどうか、ハゼなのかがよく分からない、区別がつかないですが。

畦地：最近ね、小学校の生徒がトンネルの中くぐったとき、これなんやと持ってきたのはゴリやったわ。ほやさけ上流でゴリの放流しとるさけあれが入ったんやないかと。

――そうか、そうですね。でも石はいい。玉石積み。でも今はちょっと維持管理が難しくなったらコンクリートを張ってしまうので、ほとんどコンクリートですか？でも玉石積みが残っているところはどの辺ですか？

畦地：やっぱあの、昔の水路は懐かしいやね。（＊12、図2．5-3参照）

――遊歩道？　遊歩道は確か石ですよね。練石積み（石の間と裏側をコンクリートで固める工法）ではないですよね。

畦地：ほうや石や。

――遊歩道は確か石でした。すごく趣のある場所でした。涌波遊歩道を候補地に選んで、管理通路の検証を行ないましょう。

（4）蓋を架けた時期と課題

――辰巳用水に蓋や橋が架かっている場合、特に市街地がそうですが、畦地さんにとっては辰巳用水を維持管理する上での課題というか、問題はどんなことがあったのでしょうか。

畦地：やっぱ管理しにくなるわ。掃除もせんなんし（しなければならないし）、掃除しにくいし。ほやさかいくぐって歩いとったんや。ほいでも暫くしたら、何mに一カ所穴作れと変わったんや。あれは市の方で決めたんやわ。暗渠にする時は、前の橋

図2．5-3　涌波遊歩道と辰巳用水

（＊12）遊歩道の区間全体が玉石の空積み護岸（これが元来の姿と考えられる）ではなく、半割石・土羽・コンクリートの護岸が混在している。

でも4m以上の橋やったら真ん中にマンホールを作れと。たしかほうや。そしてそのあとになってくっと4m以上は架けれんてがになってん（架けられなくなった）。今家の前いっぱい架けとったんでも、出入りだけになってん。4m以上は架けれんていうがになってん。

――畦地さんは相当昔から市街地の用水路も管理していたと言ってましたね。やり始めた頃から年々段々蓋や橋も増えてきた。それとも最初からそうなっていたのですか。

畦地：段々ね、橋が、増えたことは間違いないいげん。ただ、用水隔てて家を建てたとか、昔からあるもんは昔からやっぱ橋架かっとる。

――今、市街地の辰巳用水の詳細な水路図を作ろうとしています。それを最終的に畦地さんに確認してもらって、昔はこんなんじゃない、ここはずっと開水路だったとかそういうこともあるだろうし、ルートも変わっているということもあるだろうし、できてから確認を願います（章末の【補足説明：辰巳用水とはどこまでか】参照)。

畦地：高岡町のあこら、ほとんど開渠やったやろ。高岡町のあの文化ホールの、開渠やったが後からどんどん、どんどんとみんな橋架けてん。

――昔はお金をとっていた(蓋を掛けた占用料)ようですが、そのお金はどうされました？

畦地：いや、ほやさけそれ維持管理費になっとってん(なっていた)。水面使用料ちゅうとった。個人で。尾山神社前商店街できた時に市と喧嘩してんちゃ(した)。ということは他のとこはみんな使用料もらっているのに、なんで使用料とれんげん(とれないのかと)いうて。市は「何を言うとる、あれは彦三とかにおるヤミ市がみっとんねえさけ(みっともないので)、ほほいてあこへみんな移いてんて。だから特別や」言うんや。ほんなんなら県庁(当時は広坂にあった)前に橋架けて飲み屋するちゅうてん。尾山神社前商店街のあんなとこで飲み屋するんなら、用水組合は県庁の前に橋架けて、飲み屋する言うて口喧

嘩したんや。（＊13、図2．5-4参照）

――今、金沢市の内水整備課はマルエーから下流を管理しています。橋を架ける前にまず辰巳用水土地改良区に架橋申請を出してもらって、ほとんど減免というかお金は取りません。申請すれば5年に1回更新というので、書類に現況の写真をつけて出して貰います。市としてはそれでお金をとることが目的ではなくて、きちんとした占用申請をしてもらって施設の実態を把握し、それに対して許可を出して、水路の管理台帳を整備しておくのが目的です。

畦地：昔は知事の認可やってん。ほたら（そうしたら）許可書の写しがこっちへ送って来とってんて。ほしたらそれには使用料は用水組合で収納しなさいって書いてあったもんや、許可書に。

――当然その時は、橋を架けるときには生産組合さんに大丈夫かという同意ももらって、金沢市は許可を出しています。

畦地：おお、ありゃ在所の要するに辰巳用水の本流でなしに、

（＊13）尾山神社前商店街の経緯は、『尾山神社誌』に詳しく記載されている。昭和24（1949）年12月に完成した。

なお、辰巳用水の管理組織の名前は、昭和27年から辰巳用水土地改良区に変更となった。年次がはっきりと分っている件は土地改良区と用水組合の名称を区別して用いている。しかし、許可行為の内容は変更がないので、一般的な記述では用水組合という呼び名を用いている。

仮に三口なら三口からの用水の分流ってもんや。それに橋を架ける場合は生産組合や。ほこの在所の生産組合長の承認。ほやけども、ただその生産組合長の承認じゃあ昔はあれ公的な組合でないからだめや、ということで、生産組合長の承認をもって用水の同意を得なさいというがになっとった。今はもう生産組合で全部やっとる。

――今は美化デーがあります。金沢市民、皆、自分の家の周りの側溝や小さな水路を掃除します。泥は土嚢《どのう》に入れる。このような協力は昔はしてくれなかったのですか？

畦地：してくれなんだ。

――昔は自分の家の排水も兼ねているじゃないですか。

畦地：ほうや。ほやけどほんなもん、農家の人は自分の田んぼいく水路やさけみんな掃除するけれども、一般の人は町から来て家建てて橋架けてもなんもせんよ。

――市街地には水田はなかったでしょう？　辰巳用水から取水するような話はなく、全部排水路ですね。

図2. 5-4　尾山神社と尾山神社前商店街

畦地：うん、ほうや。

——排水路ですね。そして小橋のあたりで浅野川に入っているということ。惣構《そうがまえ》（＊14）、内と外の惣構は辰巳用水も直接関係がありますね。

2．6　用水用地の管理（注：2．6節）

（1）用水管理は国有地の管理

——近隣の土地所有者との間で境界に関係してトラブルが起きることはよく聞きます。こうした問題での畦地さんの経験を聞かせて下さい。

畦地：土地所有者とはしょっちゅう揉めたわね。天徳院はほら、用水沿いに堤塘《ていとう》敷があってんわ（＊15）。しかし、わしが勤め始めたころには、堤塘敷きはなんも無くなっておったんや（＊16）。そうすっと家建てたりする時に境界の同意書取りに来るんやね、辰巳用水組合（最近では辰巳用水土地改良区）へ。うちは

（＊14）惣構とは堀や堀の城側に土を盛り上げて造った土居などの防御施設のこと。惣構は惣構堀の意味で使われることがあり、金沢城の場合は城を囲む二重の堀を言う。内と外、東と西の4つから成る。

（注：2．6節）天徳院周辺地区での宅地と辰巳用水との境界線を巡る合意形成の過程と、最下流部の中心市街地において用水をまたぐ個人宅地用の橋の占用料徴収に廻った、若い頃の畦地さんの苦労話が述べられる。

（＊15）天徳院は元和9年（1623）創建で、三代藩主前田利常の正室珠姫の菩提寺である。藩政期は兼六園と同規模の敷地面積を持ち、周囲を辰巳用水と繋がる堀とその堤に囲まれていた（口絵1．参照）。

同意できんいうげんわね。そうしては揉めてんわ。これはもう本当に事実やし、また苦労したわ。結局はどうにもならんさかいに、建築用地は用水路の端から1m20cm離しなさいとか、そういう条件をつけて同意してやっととった。(＊17)

(＊16) 詳細な経緯は不明である。

(＊17) 用水路の維持保全にはその脇に一定の空地が必要である(口絵1．参照)。

(2) 堀川町まで江浚いに

——畦地さんの管理はこの崎浦の事務所の前までですか。

畦地：小立野マルエー横の水門まで。

——となると、天徳院はもっと下流ですよね。

畦地：そうやけども、土地の境界に関係する場合は、最近では金沢市が辰巳用水土地改良区の同意書持ってこい言うげんわ。

——小立野マルエー横の水門から下流の管理は金沢市がやっているのですか？

畦地：金沢市がねえ、下流もやし、この辰巳用水土地改良区事務所近辺も市が管理してくれて、もし護岸直すとかそんなんは金沢市がしてくれれん。なんでかっていうとここ市街化区域や。

――ここまでの管理と帳面の上ではなっているけども、やっぱり下流の方の面倒も見ておられるんですか？

畦地：もちろん水を流すちゅうのがあるさかいに。

――もともとずっと下流まで基本的には辰巳用水土地改良区の財産だということになっているわけです。

畦地：まあ財産て、まあ国有地やさけ、辰巳用水土地改良区のものではないわね。ただ、昔わしの入った当時は堀川まで管理しとった。だから16㎞。（＊18）

――ほんとうですか。

畦地：堀川のあこ、今はどっか代わっていったが知覚寺っておった寺あってん（＊19）。そこのとこから浅野川へ出とってん。

――まなぶ会理事長が今の金沢駅東口の地下広場まで辰巳用水が流れてると言っていました。

畦地：おお行っとるよ。あこに今のホテル金沢かな。あの辺に材木置場があってんわ。あこに木工の会社があって、その後ろを辰巳用水通っとってん。ずっと行って、堀川まで行っとってて

（＊18）距離16㎞は畦地さんの感覚であり、実際に測った距離でないことに留意したい（実際は短い）。また、堀川まで江浚いしていたのは、畦地さんが入ってから2～3年位までである。

（＊19）知覚寺（古蹟志では堀川知覚寺）はJR高架をくぐった、北陸鉄道浅野川線七ツ屋駅の裏にあった。いまは高架雨水のゲートがあり、そこが辰巳用水の終端となる。

ん。あこまで用水の江浚いしてんわ。

――昔はそこまで行っていたのですね。

畦地：あこまで辰巳用水の江浚いに行っとってん。象眼町《ぞうがん》（現在の安江町地内）のあこらいくと上に美川ボデー（トラック荷台の製造工場）があこにあってね、用水にべたんと蓋《ふた》してあれん。工場のど真ん中を通っとって（水路が浅いから）、あの下をくぐってひどい目におうたよ。

――東別院裏の駐車場には今も蓋がかかっていますね。

（3）橋の使用料徴収に歩く

――橋の使用料徴収の苦労話を聞かせてください。

畦地：昔、辰巳用水の上に橋を架けとってん、あれは使用料とっとってん。

――家の出入りをしたりする場合ですね。

畦地：何年かは集金に行っとった。そうしては叱られたんや。こんなとこにいらんドブソ（ドブ水路）があるさかい橋かけて銭かかるってなんのこっちゃって（ドブのように汚い排水路なのにお金を取るとは何事か、の意）。

――はじめて聞きましたけど、そこまで具体的に管理していたのですか。

畦地：昔は。

――昔じゃなくても畦地さんがおられたころには。

畦地：ほうや。

――土地改良区に変わってからもですか。

畦地：いや、ほしたら土地改良区になってから使用料とらんようになってん。取ったら財務局がうるさいげん。

畦地：ありゃだいたいが財務局の管理になるさかいに橋の使用料取ったらそれを何に使こうたか報告せんなんげん（＊20）。ほんであんなぶつぶつ文句言われて、その上に面倒なことが起こるやろ。それでいっそのこと取らんとくまいけ（取らないでおこう）と。

――昔から橋を架ける時には家の出入りにしていたから使用料

（＊20）使用料を取るのは用水管理のためであるが、用水路の土地は国有であるので、徴収したら財務局に報告する必要がある。

を取っているとは聞いてましたね。昔はもっと細い木の板橋だったと思います。

畦地：辰巳用水組合だって取っとってんわ。ほやさけ尾山神社前商店街ができたときに揉めたんやわ、市と。使用料出せって（時が過ぎて辰巳用水土地改良区となった時代（昭和27年以降）には徴収しなくなった）。

――だから尾山神社の前のあそこの開水路の下とか、近江町市場の中を通っていたのも畦地さんは知っているし、今はその水路の出口が小橋の用水堰の左岸側のところで浅野川に出ています。

畦地：ほうや、近江町の中へ流れとるのを辰巳用水いうけど、あれは辰巳用水じゃないげんぞ。排水路やって、あれは。

――今は近江町排水路と言われていますね。

畦地：辰巳用水の水路は大友楼《おおともろう》のとこで曲がって、高岡町おりて東別院の後ろ通っていく、あれが本当の辰巳用水や。近江町やらいっとるのは排水路で、あこで板入れてビシンと切れてしもとれんもん。

――ああそうですか。高岡町排水路と言われるルートですね。（＊21）

【補足説明】東岩取入口付近の管理通路と仮通路

図2．補‐1は、東岩取入口から200ｍほど下流にかけての辰巳用水および管理通路の位置を表した平面図である。図2．補‐1では用水と管理通路が重なっている部分があるが、この区間の用水はトンネルとなっており、管理通路はトンネル天端より10ｍほど高い地表面に存在している。東岩取入口へ至る管理通路は崖の斜面が緩くなった辺りに設けられており、崖上の市道から階段でつながっている。（P.78～79の図2．補‐1参照）

辰巳ダムが完成する前は、東岩取入口の水門を操作するときは、図2．補‐1に管理通路として示された道路を利用していた。この管理通路は藩政期時代からあり、もっぱら東岩水門の操作・維持を行うものであった。雉の取入口付近から東岩の間は崖地で用水路に近づけないので、畦地さんは用水組合（後に土地改良区）に入ってからは川水

（＊21）畦地さんが2．6（2）で江浚いで堀川町まで出掛けていたことを語っている。これは辰巳用水組合の仕事として行われていたものである。

高岡町排水路を辰巳用水組合が管理していたのは、七ツ屋や諸江が農業用水として辰巳用水を必要としていたからであろう。「明治九年辰巳養水路分間繪圖」では諸江まで書かれており、昭和初期の「明治以前日本土木史」でも最下流を七ツ屋としている。

れているもの）横穴に近づき、ゴミなどの点検をしたそうである。

【補足説明】辰巳用水とはどこまでか

辰巳用水には幾つかの側面がある。すなわち、（1）文化財としての辰巳用水区間、（2）土地改良区が管理していた金沢市中心部の辰巳用水区間、（3）世間一般に辰巳用水と言われている区間である。それらは必ずしも同一ではないので、地理的な概要を以下に示す。（P.79の図2．補-2参照）

（1）文化財の辰巳用水：東岩から兼六園まで

（2）市中心部で土地改良区が管理し、畦地さんが江浚いや橋の使用料の徴収に廻っていた辰巳用水：大友楼から左折→玉川公園手前で右折（西の惣構が元の流れだが、公園横の流れに作り変えた）→高岡町排水路のルート→東大通りを横断して堀川町を通り、ＪＲ高架を横断して浅野川に放流（今は中島排水路に合流して中島大橋のたもとに落ちている）。

（3）一般に辰巳用水と思われているが、正確には辰巳用水の分流（あるいは落ち水）：金沢大学附属病院前（石引の広見）、県立美術館の裏（美術の小径）、広坂通り、駅通り線のせせらぎなど。

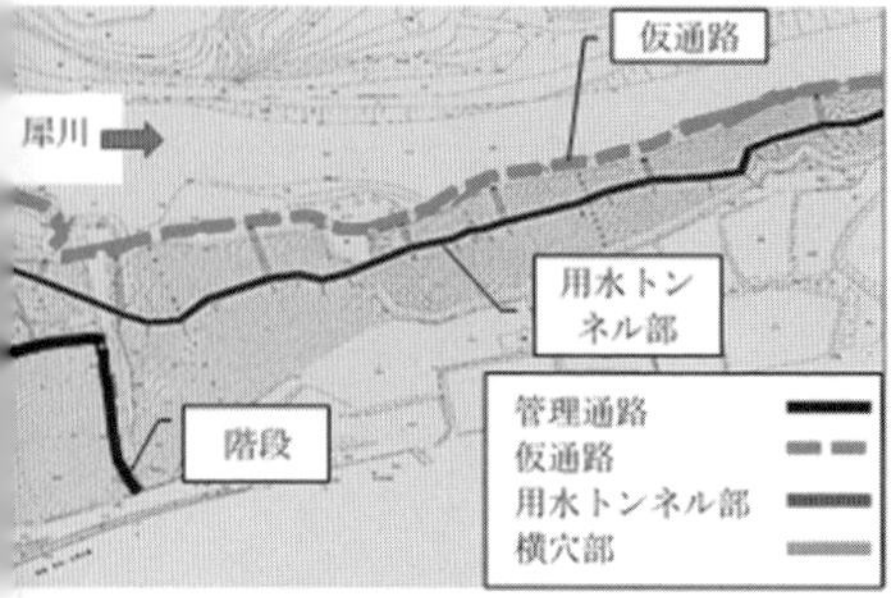

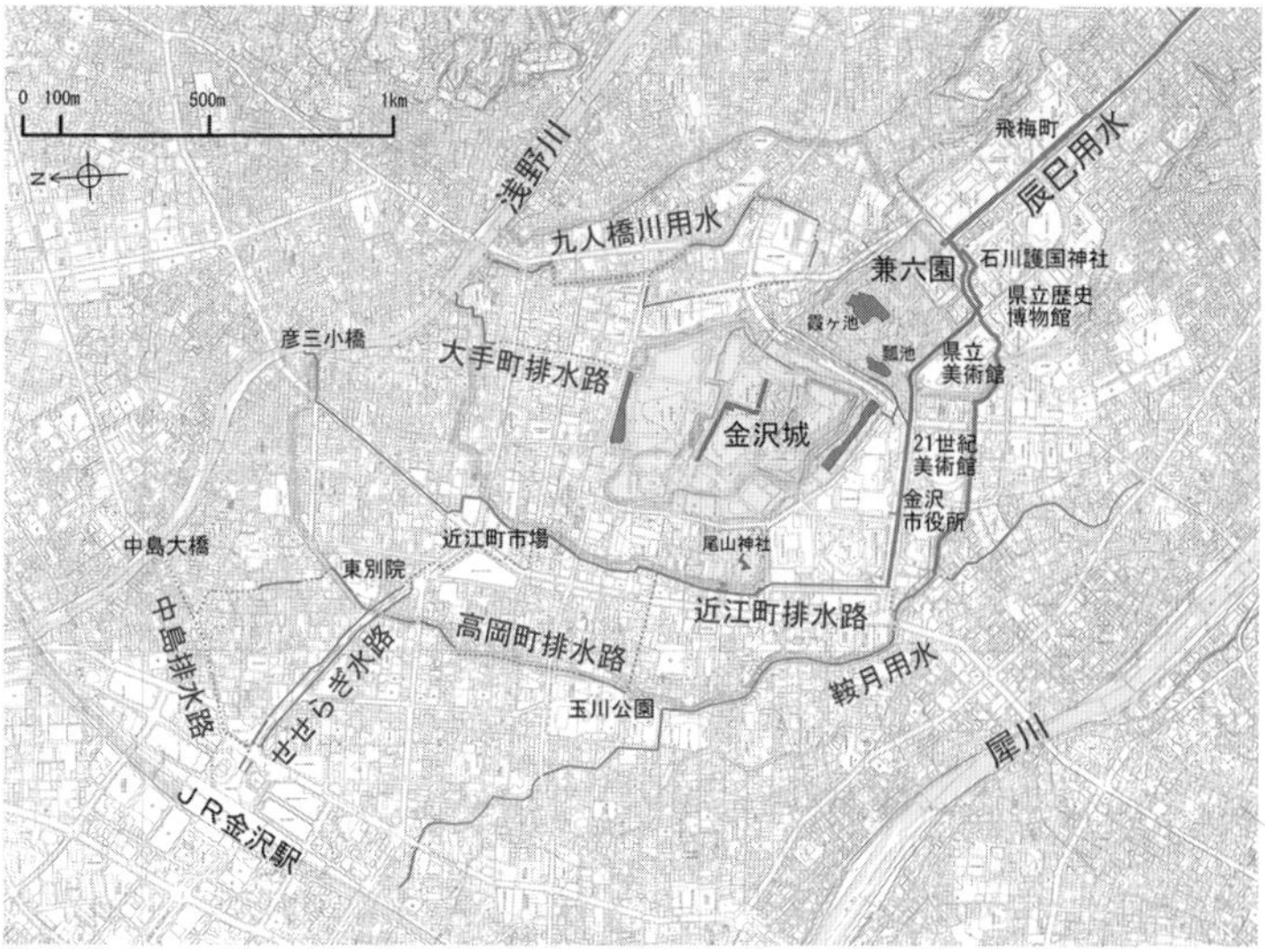

図2. 補-2　金沢市中心部に広がる辰巳用水網（辰巳用水にまなぶ会作成）

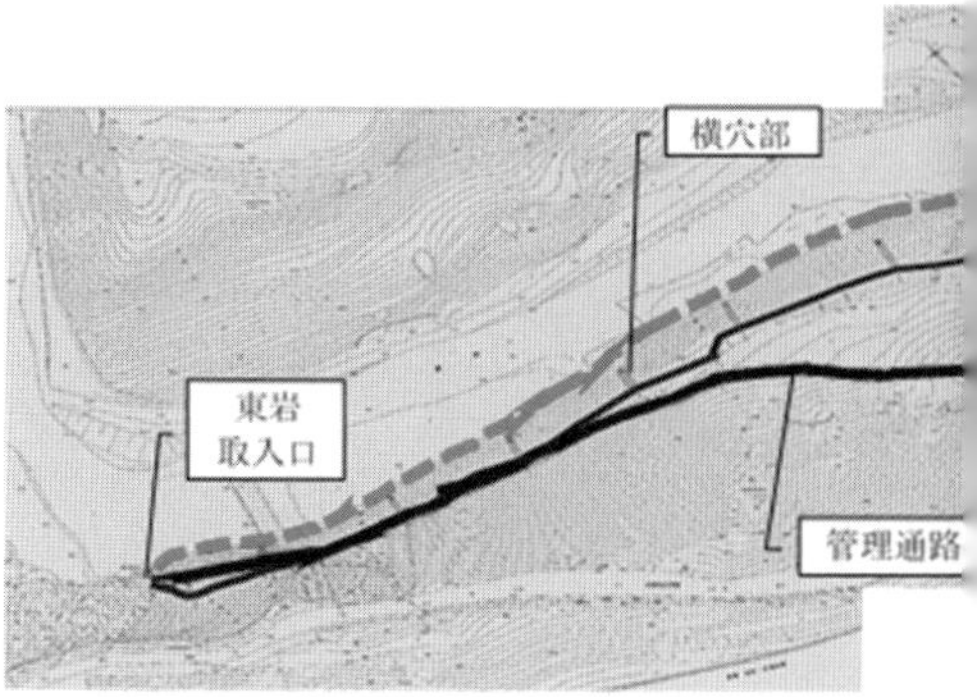

図2. 補-1　東岩取入口付近の管理通路および仮通路平面図

第3章　土地区画整理の波

第３章　土地区画整理の波

３．１　水質の悪化と水路管理の変質（注：３．１節）

――耕作者の方が組合員になって、いわば対応する事務の量が増えたというのが農地改革の影響ですか。それ以外にはなかったのですか。

畦地：まあ戦後の大きなうねりちゅうことは、農地改革と水質の悪化やね。これはもう昭和30年代ぐらいからどんどんどんどん用水が汚れだして、ほしてあの石引町のあの辺いくとドブ川と言われたんやわね。ドブ川と。あの当時、用水の上に橋架けてあると使用料が掛かったんやわね。国有地で。

――それは石引商店街でも掛かっていたのですか？

畦地：うん、あこらでも。ほやさけ東別院の裏あたりもあこもみんなそうや。

（注：３．１節）市街化が始まる昭和30年代になると、こうした社会的変化の影響が用水にも現れてくる。この節では初めに現れた水質悪化を描き、前章であった橋の使用料を取るのを止めた話で終わる。なお、本書で示される地名、辰巳用水施設の位置などについては、口絵４．辰巳用水全図を参照。

──石引商店街も汚かったですか？　蓋《ふた》が架かっていたからわからなかったけれど。

畦地：個人個人が架けとる。今はほら全部暗渠《あんきょ》になっとるけど、個人個人が架けとって、木造の橋とかいろんな橋架けとったさけ。

──その使用料はいくらぐらいだったのですか？

畦地：ほんな高いものではなかってんわ。坪30円ほどやったかね、ほいでそんな何十坪て架けとる人おらんげんさけ（いない）。自分の前だけやさけ。

──まあだいたい一坪くらいで済むんですかね？　当時ほかに30円というとどのくらいのものが買えたんですかね？　市電が往復で15円という時代があったのは覚えています。

畦地：あれが県の知事の認可やったわね、昔は。

──国有財産だからですね。

畦地：ほってね、使用料取っとったら、国税局やったか財務局やったか、「金の使途を報告せい」となったんや。国有地を貸してそれで金を取っとるいうことで。ものすごうるさかってんわ。ほんなんならたいそ（大層）なことせんと取らんとこまいか、となって取らんようなってしまったんや。

3．2 水質悪化とゴミの増大に苦労する（注：3．2節）

（1） 苦労は土地区画整理の頃から

――水の汚れが目立って来たのはいつ頃でしたか。

畦地：昭和30年代やわ。土地区画整理があって。

――ああ、土地区画整理が始まったのですね。その汚れですけれど、水が汚れていると感じたのか、それともゴミが多いから汚くなるのかどちらでしょう？

畦地：水の濁りより、やっぱゴミやね。あとは家庭排水。

――泡が出たという時もあったのですか？

畦地：ああ、ある。洗濯機普及してきたら、用水の中へ排水管を突っ込んであるさけ、用水沿いの家はね。ほうやさけ、洗剤

（注3．2節）水質の悪化だけでなく、ゴミの不法投棄に苦労した頃に、水門からのゴミ外しをした畦地さん個人の苦闘も描かれる。

やら流れてくるんやわね。ほやから小立野《こだつの》のマルエーのあこ（あそこ）のとこザァーて泡で白うなったことある。

――ゴミの中にはどんなものが入っているのですか？

畦地：買い物袋、ビニールや。

――ああ、買い物袋とビニールですね。

畦地：昭和30年代は出たゴミを袋に入れて用水に捨てるげんわ。ほやから朝マルエーの前の水門行くとね、五つか六つは必ず掛っとった。

――水がきれいな時にはずっと棲んでいたというアユは、どこの辺までいたんですか？

畦地：今のマルエーの前の水門のあこやわ。

――え、マルエーの？

畦地：マルエーの前の下流の近くの。

――旧（金沢大学）工学部の近くですか。

畦地：工学部の前。

――あそこより上流は全部、アユがいたのですか。

畦地：まあ、初めはきれいやってんやわね。ほやからまだおってん。ほやけど、上流がほら、どんどん土地区画整理していったやろ。

――はい、宅地化していったということですね。住宅がどんどんと建ちだした。

畦地：一番先に前の工学部の前あたりのあの周辺が全部土地区画整理でなってんわね、住宅に。どんどん家が建ってきた。ほしたら、次には錦町から下流の上野本町やね。あこが土地区画整理したら、どんどんと上流の方へ住宅が建ったもんでその排水が全部入ってきて。あの生活排水が全部辰巳用水の中へ入っとってんわ。

――排水が全部入ってきたのですね。

畦地：ほいで下水道がまだないやろ。

（２）水質改善の兆し

――最近では水質はよくなってきましたか？

畦地：水は、昔まではいかんけども、まあきれいになってきた。これは下水道の整備やわね（章末の補足1．【辰巳用水周辺の土地区画整理と下水道整備】参照）。それと「用水にゴミ捨てない、捨てたらいけない」という考えが普及してきたもんで。それまではゴミは用水の中に捨てるのが当たり前みたいに思とったやけどね。最近は用水はゴミ捨てたらいけないということは、大分普及してやかましなったもんで。

――はい、それはまあ協力がよく広がったということですね。畦地さん個人で非常に大きいというのはやはり水質の問題ですか？

畦地：そうや、何べんも言うとれんけども、用水が汚れてドブ川といわれとった時代から「これじゃいけないな」ということを思うて、用水を元に戻したいと、元の水に戻したいということで、まあ一生懸命やったわ。何とかしてということで、自分で用水や水門のゴミを毎朝外したわ。本当にきれいになってきたんはごく最近や。土清水《つっちょうず》にも下水道できてきたもんで、ほんできれいになってきた。だけど元通りというわけにはいかんわね。今でもあんなのちょっと入って泳ぐ気はせんやろ。

――下水道が普及してきて生活排水とかが流れ込まなくなって、少しきれいになってきたわけですね。しかし、ゴミの量というのはどうですか。

畦地：まあ、世間もやかましなったわけや、用水にゴミを捨てるなということで。

――それでやっぱり減りました？

畦地：まあ辰巳用水ばっかりやない。ほかの用水でも「用水にゴミを捨てるな」言うて、やかましなってきて、ほいでゴミは減ったわ。ほやけども辰巳用水は多いほうやったわ。工学部の生徒がうつのみや書店の前でバス待っとってジュース飲んで、缶をポンとほれん（捨てる）、ひでえもんや。ほいでわしゃ「うつのみや」行って文句言うたんや。「あんた、缶の回収の容器もないし見てみまっし、この通りや」。ほしたら、「明日から自動販売機置きません」て。次の日になったら、5、6台あった自販機が全部ねえがんなった（無くなった）。ほしたら水門に缶引っ掛っとらんよ。

3．3 辰巳用水の直線化、暗渠化（注：3．3節）

（1）道路下の辰巳用水へ

——もうちょっと聞きたいのですが。昭和20年代とか、30年代というのは、旧工学部から錦町の辰巳用水の周辺はどんな風だったのですか。森に囲まれていましたか？

畦地：開水路のとこ、それは森のとこもあったし、土地区画整理しとるとこは土羽《どは》（＊1）で広っぱの中ザァーと通っとった。今の工学部の前から錦町の間、あこもずっと畑ちゅうか荒地ちゅうかの中を、開渠で横に泥を盛って通ってた。

——ああ、泥を盛っていた。

畦地：用水の開渠があって、堤があってやろ。土地区画整理で全部なくして道路の下に暗渠で入れてしもうてん。

——錦町交差点から旧工学部へ向かうこのルートは、大筋とし

（注：3．3節）都市化の進展に伴う区画整理により、（1）水路に蓋を掛け道路の下に入れる、（2）道路に合わせて水路が付け替えられ直線とされることが、中流部では随所に生じた。水路、堤、堤塘敷の三つの部分で構成されていた辰巳用水本来の姿が失われ、用水の価値を考えさせられた時代が描かれる。一方で、道路工事に伴い、石引町で昔の木管が見つかる出来事もあった。

（＊1）土羽とは、盛土をした堤防の斜面、掘り込んだ水路の側壁などが土のままである状態をいう。

ては土地区画整理前から一緒なんですか？ 変わらない？

畦地：ルートは大きく変わっとれんちゃ（変わってしまっている）。

（2）土地区画整理、宅地開発の図面と時代経緯

——これは市役所が取りまとめた金沢市の土地区画整理事業の平面図です（章末の補足1.【辰巳用水周辺の土地区画整理と下水道整備】参照）。これは非常に役立っています。畦地さんにはいずれ説明しますけど、昔宅地開発がどんどん進んでいって水が汚くなったという話がありました。上野本町地域は一番早く、昭和34年度から始まっています。

畦地：上野本町は早かった。

——上野本町地域を四つの地区に分けて、順番に開発されていったということが分かります。

（3）県道小立野線の整備と辰巳用水の付け替え

――県道小立野線（辰巳用水土地改良区事務所の目の前の道路の通称）を整備したのが多分昭和30年代で、この先の土清水で左に分かれるのは湯涌《ゆわく》へ行く道ですね。昔昭和天皇が湯涌にお泊まりになられたことがあって、私が小学校5年のときだったと思うので、もう五十数年前です。そのときは、砂利道でこの道路は実際にあったような気がします。

畦地：この道やったかな、裏の道やなかったかと思うげんけど。

――昔の県道は今のこの裏を通っている、そして錦町で今の県道につながっている。

畦地：おお、ほうや。

――道路整備の時に、辰巳用水がぐにゃぐにゃと曲がっていたが、まっすぐな道路を造るため、用水をあちこち付け替えたのではないかと思いますが。

畦地：はっきり言うて、（事前に）辰巳用水の我々になんにも話ないげん、道路の話。

――それでも用水をあちこち付け替えたわけですね。

畦地：しとるんや。今マルエーの前からまっすぐ水路あるけど、あれが変わっとれん（図3．3－1参照）。なんでわし覚えとるかいうたら、これ全部仕上がって、通水式したんや。ところが理事長の家がマルエーの向かいにあったんやけど、理事長に声も掛けんげんて。ほいて「用水の付け替えして通水式やいうて、辰巳用水土地改良区のもん一人も呼ばんと何言うとれん」言うて、文句を言うたことがあれん（あった）。

――そのほかの場所はどうでしたか。

畦地：昔はちょっこしも（少しも）辰巳用水土地改良区に話はねえげんて。勝手にしとると言うたらおかしいけど、市、県は勝手にしとるとわしらは言いたかってんわ。ほやさかい、辰巳用水土地改良区に対しての話は全然ねえげん、付け替えしとっても。こっちかて分からんってことねんわ。ただ大学病院の前、天徳院のあこから大学病院の前の石引町の通り、あれはずっと水路動いとらんわね。その証拠に下から木管出てきとれんさ

図3．3-1　マルエー前の水路（図右の県道築造に伴い付け替えられ、直線化した）

け。あれは昔のまんまや。あっから（あそこから）木管出てきとれん。（＊2）

――畦地さんが変わってないとおっしゃるのは、この下馬《げば》のあたりから下流（兼六園方向）の用水ルートが変わっていないということですか？

畦地：おお、ほうや。

――石引町で県の歩道工事したときに木管が出ています。ここには間違いなく水路があったんです。昔の道路はそのままですね。

畦地：ほうや。昔のまんまや。歩道を造った時というか、あの歩道をやりだした時や、用水の上に。木管が出てきたんは昭和56（1981）年や。県が道路改修して、歩道を用水の上にやりだしたんや、ほしたらほん時に用水を掘ったんやて。ほいたら出てきてん。歩道工事や。

（＊2）木管の話は7．3節に詳しい。

（4）昭和20年代の辰巳用水

畦地：現在の辰巳用水は、涌波の遊歩道が終わると錦町交差点で県道とぶつかり、それを越えて住宅街の中に入っていきます。昔の図面では辰巳用水が開水路でウネウネと流れているように描いてあります。ここがまさに土地区画整理した場所で道路の下に全部入れてしまって、直線化したのです。

畦地：ほうや。ジグザグで、まっすぐんなかった。この辺は野原みたいでね。お屋敷の庭みたいな中をやね、蛇行みたいにして流れとったんや。両側に堤があって開渠の水路だった。

――こんな堤防があって、こんな感じなんですね（図3．3-2参照）。

畦地：それを上野本町が土地区画整理したときに全部道路の下へ入れてしまった。用水を暗渠にして。

――蓋を架けて暗渠にすることで、維持管理から見てどのような影響がありましたか。

畦地：まあ、維持管理は今では特に問題はないわね。

（5）用水の暗渠化―辰巳用水の価値を考えさせられる

――小立野台地での下水道整備は昭和40年代に始まりました。

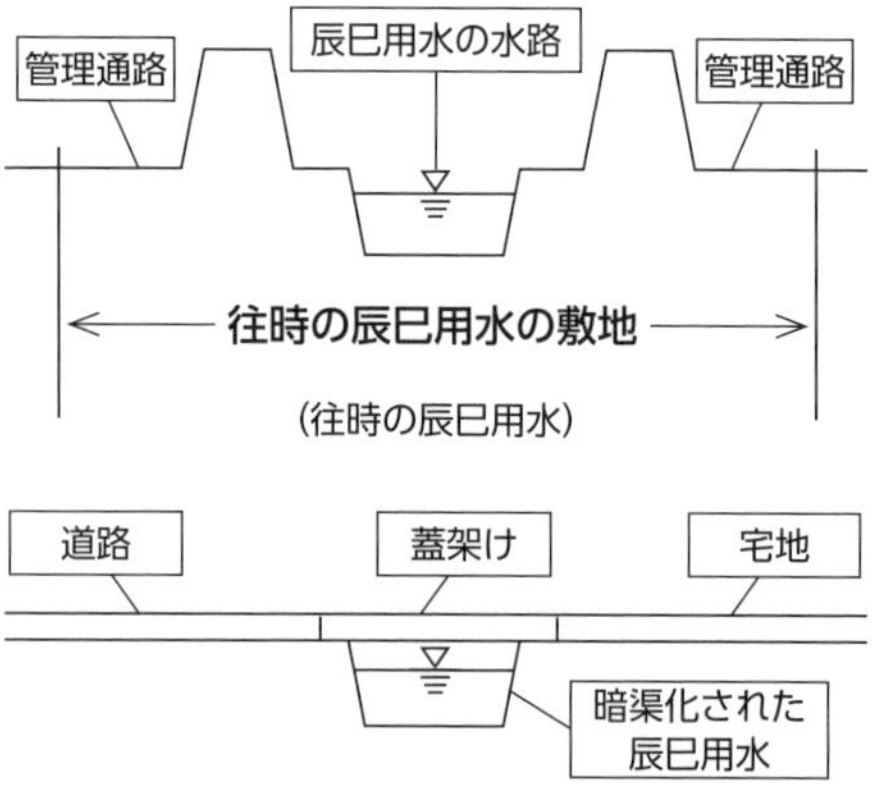

図3．3-2：土地区画整理により暗渠化された辰巳用水

石引町での供用開始が昭和50年度、上野本町では昭和53年度に供用開始でした。上流部の上辰巳町までの下水道整備が終わったのは平成25年度であり、下水整備は随分と時間がかかっているのですね（章末の補足1.【辰巳用水周辺の土地区画整理と下水道整備】を参照）。

畦地：ほうや。

――まあこんなふうに整理しているところです。畦地さんのおっしゃった話しの裏付けとして整理していますので、一部だけお見せしました。

畦地：開渠より暗渠にしてあればゴミは入らんし。やけども、用水そのものとしては価値もなんにもなくなって、暗渠で下を流れとるだけであって、あまりいいことではないわね。ほうやけども土地区画整理組合は減歩率（＊3）を減らそうと思って、少しでも地面が欲しいんやね。ほいで堤塘敷《ていとうじき》も管理道路も無しにしてしもうて、暗渠にしたんや。（図3.3－2参照）

――なるほど。

畦地：ほんでだんだん価値がなくなったちゅうか、これじゃい

（＊3）減歩率とは、土地区画整理などで換地処分が行われた際の、処分前の土地面積に対する処分で減少した面積の割合をいう。

かんと。

――昔の辰巳用水の面影がなくなったというか、そういうことですね。

畦地：これじゃいかんなと考えだしたけど、我々その時分若かったさかいに、何も言えんかった。

（6）堤塘敷の喪失

――畦地さんが戦後に大阪から金沢に戻り、辰巳用水を見てまわるような時代はまだ土地区画整理も何もしていない時代ですね。

畦地：ほうや、ほうや。錦町から天徳院の間での水路の形は、土地区画整理した後のような真っ直ぐな水路なんなかった。

――堤塘敷の上に堤防があって、水路があって、両方に畦畔《けいはん》があってそこを見廻りの侍が乗った馬が走る、という風景ですか。結構広いですね。

畦地：結構広かったと思う。

――水路は石積みですか、それとも素掘りですか。

畦地：石積みのとこもあったかもしれんけど、素掘りにしとった。

――用地はどれだけでもあったから、昔は素掘りにしていますよね。まわりは畑だけですから。

畦地：ほうや。

――それでは土地区画整理の時代の話を聞かせてください。上野本町の土地区画整理が一番早かったですね。

畦地：あれが昭和34、5年やったか？　上野本町辺りあこ、射撃場やったやろ、あんときにどうかしてしもとる。あんねえ、あの土地区画整理のときに。あんときは用水とその両側に堤があってん。それを全部つぶしてしもて暗渠にして道路の下へ、道路のとこへ下へみんな入れていった。ほやさけ、まるまる用水の地面を取り込まれたようなもんや…。（図3．3－2参照）

――下に入れたから、用水も堤塘敷も一緒になって何にもなくなってしまったということですね。

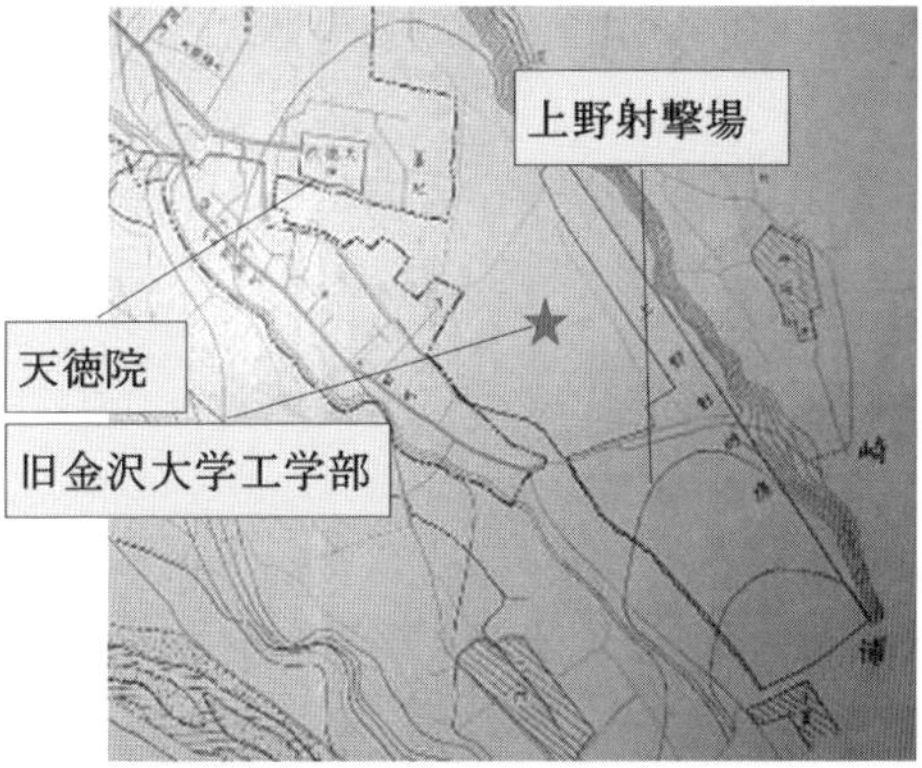

図3．3-3　明治38（1905）年金沢市街図（玉川図書館蔵）：小立野1丁目と2丁目のうち旧金沢大学工学部を除いた部分が射撃場であったことが分かる

畦地：ほうや、ほうや。あんなもんほやさかいでかい地面や。

——この辺は全部射撃場だったんです。（図3．3－3参照）

畦地：ほうや。

——土地区画整理でも一番早かったと思う。ここから汚い水がいっぱい出てきたということですね。なるほど、それでこういう形態になったのですね。前はでこぼこになっていた。

畦地：道路の下へ入れてしまわれた所は、昔の用水は消えてしもうた。（図3．3－2参照）

（7）小立野の旧道ほか

——旧金沢大学工学部の敷地というか工専はもっと前から道路ができる前からあったのですね。（＊4、図3．3－3参照）

畦地：こっちの道が旧道や、工学部はあれから入ってきてん。

——ああ、そうかもっと前ですね。じゃあ学校が先です。道路があとですね。

畦地：小立野の工学部はないようになるわもう。もう壊してい

（＊4）金沢大学工学部はその前身、金沢高等工業学校が射撃場の隣に大正9（1920）年開校以来、平成16（2004）年まで場所は変わっていない。その後、金沢市角間町に移転したが、建物はしばらく残った。

るからね。
――見納めですね。

3．4　都市化の波に溺れかかった辰巳用水 （注：3．4節）

（注：3．4節）宅地と道路が増え、用水路の位置の変更、暗渠化が起こった。都市化の進展で、雨が降ると大量の水が短時間で用水に流れ込むようになり、辰巳用水の苦労と対策の進展が描かれる。

（1）用水路の環境変化

――戦争の頃の開水路で土堤もあるでしょうが、街なかはどちらかというと石積みですか？
畦地：ほうや、ほとんど石積みや。ここの農協付近は素掘りやったなぁ。
――昔はあの古い県道（今は市道）しか無かった。私達が工学部に入ったとき（昭和35年頃）も無かった。あっちの古い道路をたどってきた。ここ（崎浦公民館と農協の跡地）に電波学校（北陸電波学校）が突き当たりのところにありました。（＊5）
畦地：電波学校学校の前は崎浦小学校やったんや。

（＊5）崎浦小学校が石引町小学校と統合した後、その校舎は北陸電波学校（金沢工業大学の前身）として、今の野々市校舎に移転するまで使われた（昭和34年1月から38年4月まで）。

――崎浦小学校がそこにありましたね。まだ、昭和30（1955）年くらいでそんな状態だった。道路整備もあったけれども宅地開発もあって、水路がいろいろといじめられてきたのですね。

畦地：ほうや。

――道路整備では、道路の下に暗渠として入れてしまった。その区間は現実的には管理も何もできないということですね。

畦地：ほうや、なんもできんちゅうことや。

――ゴミを捨てなくなったというのがせめてもの救いですか。

畦地：ほうや。

――一長一短ですが、どちらにしても暗渠というのは管理しにくいので、所々にスクリーンを設け、そこに引っ掛かるゴミを揚げるのですね。

畦地：昔は用水ちゅうのは雪捨てたり、ゴミ捨てたりするとこやと思っとったんや。

（2）洪水の変化と辰巳用水の対応

――昭和40年頃には水がよく溢れましたね。大雨になると金沢市立紫錦台中学校より上流で北國銀行小立野支店あたりまでの商店街で辰巳用水が溢れました。小立野台地では水は溢れないと思っていたけれど、当時は雨水がみな用水路に入ってしまっていたのですね。

畦地：そうや、あれ辰巳用水の水ねえぞ（水ではない）。わしいつも言うとる、「雨水や」て。辰巳用水の水は上で止めてある。今は、本当に雨水が増えとるんや、舗装になったりしたもんやさかい。

――流域の上流で土地区画整理が行われ宅地化が進行すると市街地の水も一斉に入るから、放水路ができるまでは頻繁に溢れていた。

畦地：だいたい放水路無かったもん。今は小立野の放水路とかあるが。

――現在、放水路は何本あるのですか。一番上流はどこにありますか。

畦地：一応放水路というたら小立野マルエーから下や。ほやけど小立野より上《かみ》の放水門というものは新辰巳発電所の古川口のあこに一本あって、上辰巳の在所の上に三枚水門てある。ほん次が三段石垣の上の清浄《しょうじょう》ヶ滝《がたき》水門や。次が犀川浄水場の後ろの鳩水門や、ほして森林組合の大道割《だいどうわり》のあこにある。そんだけが上の放水路。市で造った水門は大道割の水門だけで、あれは市が電動にしてくれた。ほやけど昔は手回しでわしが行っては上げとったんやさかい。小立野へきて小立野のマルエーの前に小立野放水門がある。天徳院バス停の前に亀坂《がめざか》水門があるけど、あれは新しい放水路ができてから使わんようになった。（章末の補足2.【辰巳用水の洪水対策】を参照）

——大道割から小立野の間にはないですね。

畦地：そう、錦町のあそこに1本作るちゅうがが、パーになった。金かかるというので。

——大道割は谷がありますから犀川に流すには都合がよいとい

うことですね。

畦地：ほうや、犀川まで持っていってあれん。一番大事なんは大道割ねん。大道割はあこで水門上げなかったら、途中遊歩道の間も乗り越えるし、マルエーの前で、あこで水上がって道路に水がものすごく上がる。

——でも昔から開水路、開渠のところは秋なら葉っぱがたくさん落ちて詰まるでしょう。

畦地：ほうや。

——ゴミを浚《さら》うというか、葉っぱを浚わないといけない、それは同じですね。

畦地：ほうや。マルエーの前の小立野放水門にビシーッと葉っぱが掛かっていることがあるんで。

——なるほど。

畦地：葉っぱぐらい、放水門上げて流いたらいいんで。最後は犀川行ってしまうから。

【補足説明1】辰巳用水周辺の土地区画整理と下水道整備

辰巳用水に流入する水に関して最も大きな影響を与えるのは、辰巳用水流路と同じ段丘面で行われた小立野段丘面に広がる地区の宅地化である。上野本町では4地区に分けて土地区画整理事業が昭和34年度から36年度に掛けて行われた。図3.補-1に数字を枠で囲んで示している12、13、18、19が上野本町に当たる。

辰巳用水に対する影響が目に見えるようになったのは数年後と考えられ、社会情勢の変化から推定して、昭和40年代に畦地さんが水質悪化、ゴミの増大、洪水対策などで大変苦労されたと推察できる。

小立野地区の下水道整備事業は昭和40年代に始まり、図3.補-2に示されるように最下流の石引町周辺で、昭和50年度に供用が始まった。供用区域は引き続き上流地域に広がり、昭和53年度には上野本町地域までが供用開始にこぎつけている。

【補足説明2】辰巳用水の洪水対策

辰巳用水は台地の上を流れているにもかかわらず、大雨時には用水

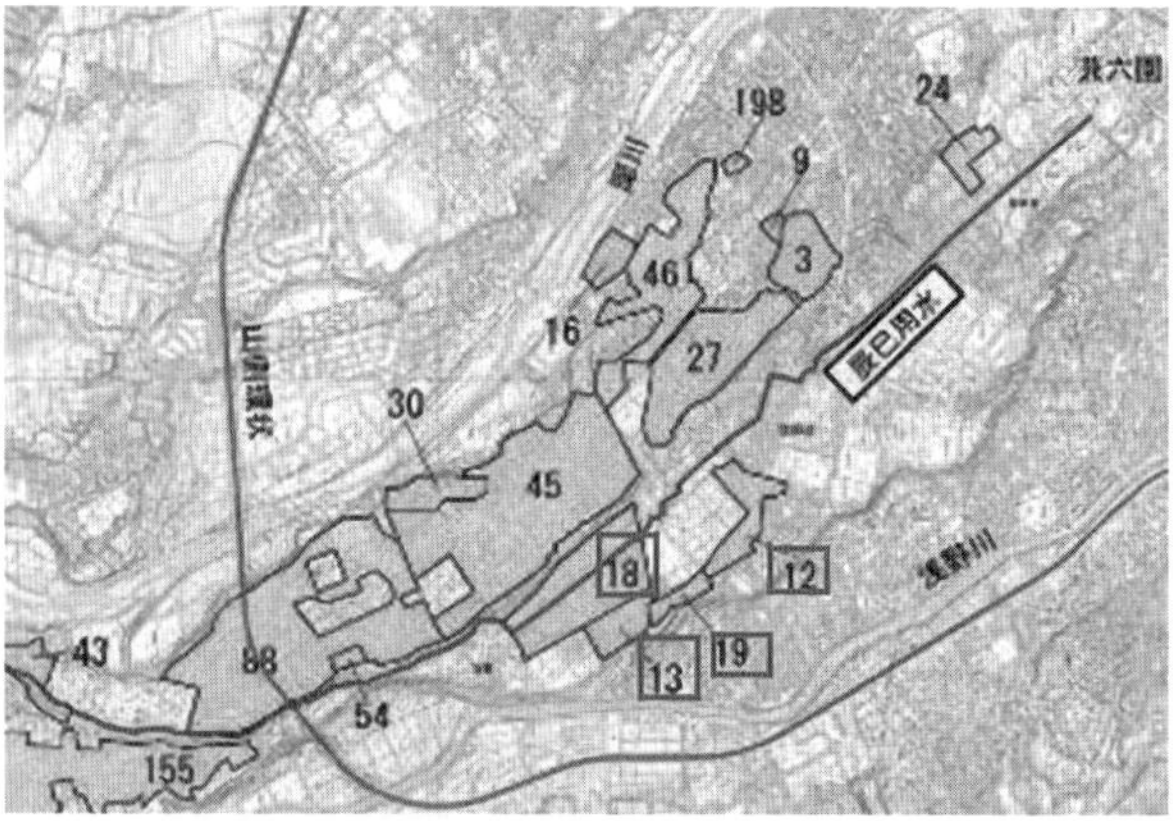

図3. 補-1　辰巳用水周辺の土地区画整理事業平面図

が溢れ、小立野商店街がたびたび浸水した。原因は辰巳用水沿川流域で宅地開発が進められ、雨水の流出量が増大したことが原因である。辰巳用水には十分な排水施設がなく、用水管理者の悩みの種となっていた。このため、金沢市では大雨時には用水路の途中で犀川や浅野川に放水し被害を軽減する雨水幹線を建設した。亀坂水門は、雨水幹線築造時に撤去する予定であったが、江戸期以来の痕跡が失われてしまうため、畦地さんの要請で残されたということである。

現在、大雨時の操作は東岩取水口、三枚、清浄ヶ滝の3カ所を土地改良区が操作をし、鳩、大道割、小立野、石引の4カ所を金沢市が操作を行い、全ての水門は電動で操作が可能となった。（場所は口絵4参照）

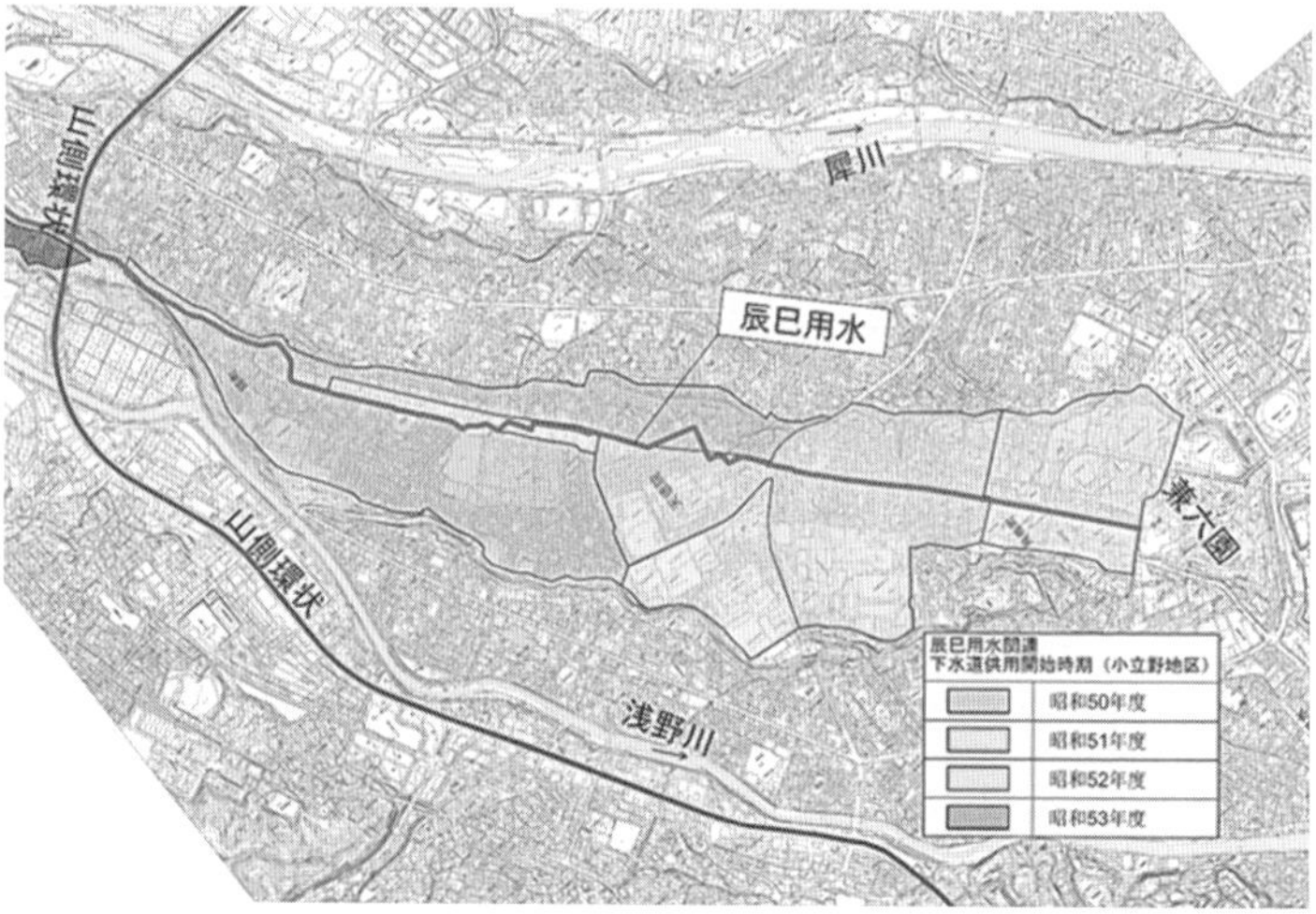

図3. 補-2　下水道供用開始区域の変遷

図3. 補-3　バイクで見廻り（20代の頃。畦地家提供）

第4章　辰巳用水の歴史的変遷

第4章　辰巳用水の歴史的変遷

4．1　殿様用水の時代（注：4．1節）

――畦地さんは〝お城の水〟という時代の辰巳用水をどのように想像しますか。

畦地：お城の用水やさかいにお城にだけしか水入っとらんと思うげん、殿様用水言うとおりに。ほれが小立野台地が開け、開拓して田んぼできるようになって、今の三口新町とか涌波とか入植してきた。用水ができて田んぼからちょっこりでも米とれりゃ、殿様も禄高が増えれんわ（増える訳だ）。（＊1）

――そういうことですね。

畦地：ほんで、金沢城へ水入れとったのが余裕ができて、小立野から田んぼ、つまり民間に水を使わすようになった。それまで「顔、手を洗っても叱られた」いうげんろ（といわれていた）。

（注：4．1節）金沢城のために造られた辰巳用水であったが、古くから新田開発のために水が使われていた様子が描かれる。また、建設当初の逆サイフォンに用いられた木管が発掘された話も紹介される。本書で示される地名については、口絵4．辰巳用水全図を参照。

（＊1）元禄7（1694）年2月15日、上野新村・三口新村・涌波新村の肝煎等が連署し、十村役に提出した辰巳用水浚渫の願い書きによれば、当時の60年以前より辰巳用水の水で新規開田が行われ、今や千石余に達する新開地ができたことが謳われている（『加賀辰巳用水』P228）。

ほんとかうそか知らんけど。

——いや、そのぐらいうるさかったと思います。

畦地：今の遊歩道と同じような道を、侍が馬に乗ってずっと見回りしとったいう。あこらみんな見回り道路やったんや。

——役割的にまず、「お城が一番」の殿様用水という時代があり、次に田んぼ優先の本当の農業用水の時代、そして今に繋がるわけですか。

畦地：廃藩置県になったら農業用水やもん。現在でも農業用水やぞ、辰巳用水は。農業用水やから田んぼを優先すれん（する）。

——殿様用水の時代が変わったのは、いつ頃ですか？

畦地：廃藩置県で前田さん（加賀藩主前田家のこと）から県へ払い下げいうか、委譲になってからや。それまで前田さんの用水やさけ。

——それまでも田んぼには使っていたけれど、お城優先だったのですか。

畦地：ほうや、ほうや。

——辰巳用水が完成した当初（寛永9（1632）年）には逆サイフォンで金沢城三の丸に水が届き、2年後には二の丸まで届いたと言われています。

畦地：ほうや。逆サイフォンで、木管で城まで入っとった。

——兼六園の霞ヶ池《かすみがいけ》から石管を使って城内に送水したとよく紹介されているけれど、あれは幕末期の話で、完成当初はもっと上流から送水していたのですよね。天徳院辺りから木管にしていたのですか？

畦地：石引通りの工事の時に発掘された木管は、おそらく建設当初の時代のものやが、お城に水を送るための木管がどこから始まっとるか、はっきりせんがや。

——要するに、サイフォンにするためにパイプにしないといけないですよね。その取水口というか、一番上流はどこでしょうか？

畦地：今でいう金沢大学附属病院のあの辺に石引水門かなんかあったらしいげんわ。そこの辺から木管で行っとるんじゃない

かという話がある。（＊2）
――それなら昭和56（1981）年に歩道のとこに木管が出たと言っていたでしょ。あの木管はまさにサイフォン用の木管だったのですか？
畦地：そうや、そうや。当然そうや。知らせを聞いたとき、わしゃ慌てて行って「掘るな」って言うたがや。ほん時もう5、6本上げてしもうとらんや。ほんでわしゃ「あげてしもうな」言うげん。ほやさけ掘ったもんはしゃあない、と掘ったもんだけは県の埋蔵文化財センターへ持って行ってあるわ。（＊2）

（＊2）逆サイフォンと木管の話は7.3節および第7章末の【補足】に詳しい。

4．2　明治維新による変動（注：4．2節）

(1) 廃藩置県のころ

――どこの用水も、昔は川から自分達で勝手に取っていたわけですね。
畦地：ほうや、勝手に。河川法ができるまでやけど。

（注：4．2節）明治になって用水組合の成立、近代の法律が整備される過程が描かれる。

――江戸、明治の時代から取っていたと思いますが、その頃は法律も何もなく、好き放題に取っていたということですか。

畦地：ほうや。

――普通水利組合はあるけれども、それ以前はそれに類したものはなかったのですか。

畦地：水利土功会ってあった。水利土功会が普通水利組合になった。（＊3）

（2）河川法のころ

畦地：河川法ができたのが明治29（1896）年じゃ。

――旧河川法はそうです。辰巳用水は特別な用水ですが、東岩から取って、田んぼに向かって行く水とお城に向かう水があって、誰かがそれを管理し、取り過ぎだとかを仕切っていた人が昔から居たということですか。

畦地：それが用水議員や。

――いや、もっと以前に。

（＊3）用水管理は明治4（1871）年廃藩置県により石川県管轄となる。その後、同10年頃に石川郡大桑・涌波新・三口新・上野新・笠舞の各村の経営に移り、同20年に辰巳用水区域水利土功会、同36年に辰巳用水普通水利組合を経て、昭和27（1952）年以降は辰巳用水土地改良区の管理となっている（辰巳用水国史跡指定意見具申書、金沢市、2010による）。

畦地：それより昔は、やっぱ村長か誰かおったやろ。
――そんな記録はないのですか。
畦地：ない。河川法ができて、それから普通水利組合という法律ができて、辰巳用水普通水利組合ということになった。ほいで戦後に、土地改良法ができて土地改良区に組織変更した。それが昭和27（1952）年や。（＊3参照）

4.3　農地改革による原簿の変更（注：4.3節）

（1）農地改革が行われて

――農地改革の影響は実際あったのですか？
畦地：辰巳用水はそんな影響ってものは……
――農地改革により不在地主が居なくなったと聞いていますが、辰巳用水では具体的にどういう話だったのですか？
畦地：ちょっこも（少しも）田んぼ（農業）せんと、田んぼを持っとった地主が居たがや。小作いうとったもんはみんな地主

（注：4.3節）辰巳用水における、農地改革による変化を聞いた。

から土地を借りて耕したんや。農地改革の後はどんだけやら以上のものはみんな小作に権利を譲られてしもたんじゃないが。

——戦後、占領軍が居た頃ですね。それが水利組合の管理にものすごく影響があったとか、組合員の生活に影響があったとか、そういう話はあったのでしょうか？

畦地：用水組合としたら、結局土地原簿は全部作り直して、大変やったろうと思うけど、わしらそんないいがに覚えとらんげん（よく覚えていない）てな。ただ、昔は賦課金は地主に掛かっとってん。

——そうですね。

（2）農地改革と用水組合の事務量

畦地：地主に賦課金っていうのが、小作になってん。小作本位になって小作が金払うようになった。ほんで、土地原簿全部作り直ししてん。そういうことはあるわ。

——なるほどね。農地の最大の面積というのは、84町歩でしたか？

畦地：土地改良区に組織変更したときが84町歩やったが、現在は20町歩しかない。

――その経年変化はわかりますか？

畦地：ああ、減っていったのは、土地区画整理した時やさけ。

――土地区画整理が順番に。

畦地：笠舞から、三口、涌波と土地区画整理全部してったやろ。それで減ってってんわ。

――組合員の数も大分減っていっていますね。

畦地：半分。250人おったのが120人しかないもん。

――だから面積も小さくなり、土地は4分の1になった。今は野々市なんかもすごいよ。10％くらいしか残っていない。昭和40（1965）年くらいのものを調べて、今のものを調べたら10％くらいしかない。

畦地：鞍月用水土地改良区の地域も県庁のあの辺らもがんこ（ものすごく）に減っとるやろうね。

――そうです。もうあそこにはほとんどないです。今、水田面積は本当に小さくなっている。

畦地：上辰巳の宅地でも用水費を払とるとこあれん。というのは昔の名残りで、面積によって用水議員の割り当てがあってんね。ほったら上辰巳は耕作面積小さいもんで我が身（自分）の宅地まで皆入れてん。そんで賦課金払ろうとる。

――それは払わないと自分のところから議員を出せないからですね。

畦地：ほうや、ほうや。今でも宅地に掛かっとるとこあるわ。ほんの一つか二つやけど、こないだ北陸農政局の監査のときに叱られたわいね。宅地になんで掛けれん、と。いや実はこんなんでと話しとってんわ。

4．4　辰巳用水土地改良区への変更（注：4．4節）

（1）土地改良区事務所の勤務、組織

――辰巳用水の土地改良区ができたのは、戦後もうちょっと後ということですか。

畦地：土地改良区ができたのは昭和27（1952）年。その前の戦争中は普通水利組合や。

――この場所に土地改良区事務所ができたのはいつですか？

畦地：笠舞の崎浦出張所が廃止になって、上石引（石引1丁目）に移転したのは昭和27（1952）年や（図4．4-1参照）。ほしたら辰巳用水の事務所持ってくるとこ無くなってん。ほん時に崎浦農協の組合長をしとったのが駒谷青雲さん、その人が崎浦農協（当時は善光寺坂付近にあった）へ持ってこいと言うて、ほいで崎浦農協へ移って来たんや。そんときに崎浦用水組合ちゅうがと辰巳用水組合と二つあってん。大桑用水、笠舞用水、錦用水、旭用水、田井用水、この五つがかたまって崎浦用水組

（注：4．4節）普通用水組合から土地改良区への変更が描かれる。

図4．4-1　崎浦出張所が小立野へ移った頃（昭和26年頃。畦地家提供）

合というとった。わしは辰巳用水組合と崎浦用水組合と両方から給料もろとった。ところが、組織変更と同時に辰巳用水組合は土地改良区に組織変更したけど、崎浦用水組合は解散したんや、ほしたら結局金の出所がなくなる。わしの給料の。ほれと時を同じして、事務所もこっち（現在の場所）に変わった。ほたらその時、駒谷さんが「お前ほんなら農協の仕事も半分せいや、農協からある程度お金出すさかい」と言うてくれたんや。ほってここきて、農協の仕事と用水の仕事をしとった。ところが（金沢市農協と）大同合併のちょっと前かな、駒谷さんが「おまえほんなことしとったら、年金もなんもあたらん（もらえない）」と。「農協の職員になれや」と。ほいで農協の職員になって、農協の仕事、片手間に辰巳用水の仕事をしとった。昔は、土地改良区の仕事ってたいしてなかった。今みたいにトンネル見学あるこっちゃなしに（あるわけではない）、江浚いとかの維持管理の仕事だけやった。ほいで金沢市農協に合併して何年目かに金沢市農協の方から異動話が出てきたやろ。わしは崎浦支所から犀川支所へ行けというがになってん。ほいたら、辰巳用水土地改良区の役員が反対したんや、「畦地を今連れて行ったら、誰が辰巳用水の仕事すれん」と。ほしたらその時分の（金沢市農協の）組合長いうたら今井源三さんや。そして「いまさら何言うとらんや、畦地は支所長で行くげんぞ」「畦地の出世をおまえら妨げるつもりか。崎浦に居ればいつまでもヒラや、そやけど犀川支所かて辰巳用水土地改良区の区域や、あこいって辰巳用水の仕事すればいい」と今井さんが言うたそうや。（図4．4-2）

――『加賀辰巳用水』をつくる前に辰巳用水の絵図が末町の農協にあると知り、そこの2階で絵図を広げて写真を撮った覚えがあります。その時に畦地さんがおられました。

（2）土地改良区制度になってから

――農地改革に次いで、昭和27（1952）年に辰巳用水土地改良区への変更がありました。畦地さんだけではなく土地改良

図4．4-2　農協勤務60歳の頃の畦地さん（畦地家提供）

区全体の問題として、大変だったことはありますか？

畦地：まあ、土地改良区になったらなお良くなったわ。管理やそんなもんは。ということはどういうことやいうたら、土地改良区になってから土地、自分の土地、ようするに用水に関係する土地は申告せんなんかった（しなければならなかった）。それまではこっちが調べて賦課しとったわけや。ほやけども土地改良区になったら申告制で「うちの田んぼはこんだけですよ」と申告してくるんや。

——組合員の方が申告してくるようになったのですね。

畦地：ほうや。ただ、ごまかそうと思たらごまかせるけど、ごまかしたら後で我が身らがひどい目に遭う。

——以前の組合のときは組合が全部調べないといけなかったのですか？

畦地：ほうや、ほうや。

——それは非常に大変な仕事ですね。

畦地：申告制ということになって、文句言う人がよけいおらんようになったってことや。今までこっちで調べたんで、あの地面はうちの…、田んぼは水が入らんとか、なんとかと言われたわね。ほんでも土地改良区になってからそれはないわね。我が身らが申告しとれんから。あんたら何言うとらんや、ちゅうことや。

4．5　犀川の水不足と番水会議（注：4．5節）

畦地：わしが入ってから番水会議ってあったんや。犀川が渇水になってくると、犀川水系なら寺津、辰巳、長坂の3用水が寄合って、「おまえのとこは何日の何時から何時まで水門閉め」とか取り入れの水門閉めとか、ほいで（そうやって）決めとったんや。ほれが、笑い話みたいやけど、本当のことやってんけども、ようするに鞍月までが上流かな、ほいで大野庄なると下流かな、ほしたら下流の連中が上の連中を招待して一杯飲ませれん。ほいで番水会議に入る、ほうするとその飲まし方によっ

（注：4．5節）犀川が渇水の場合に起こった用水の間の水争いの状況が描かれる。兼六園への配水もその一コマである。

て、水門を何寸下げる。（＊4）

――わかります。特権ですね。

畦地：おお、そういうことをしとったと。まあ、わしらも番水会議出て、あこやったわいね、あの山錦楼《さんきんろう》（＊5）に決まっとった。

――辰巳用水は上流だから威張っていたのですか？

畦地：ほうや、辰巳用水は上流やから水は一番取りやすいんや。

――その頃は渇水で水が無いということはなかったのですか？ダムも何も無い頃だから。

畦地：いやあ、やっぱりダム（＊6）の無い頃は、番水会議しょっちゅうあった。

――そうですか。

畦地：毎年あってんもん。

――それは下流のことを思えば当然、上流から取っていけば無くなりますね。

畦地：そうや。

（＊4）番水の時の樋口での見張りの話は2.3（3）にある。

（＊5）山錦楼：金沢市指定保存建造物で犀川沿いに佇む端正な老舗料亭。大正11（1922）年創業。

（＊6）犀川ダム。昭和40（1965）年完成。

――それでも辰巳用水は上の方で、今は犀川ダムがありますね。

畦地：ほうや、辰巳用水なんかでも犀川の水が涸れてきたら上もないようになる。

――辰巳用水も入らないこともある。

畦地：犀川そのものの水が無いがになっていく。

――そうするとやはり……

畦地：いくら上流でもそうや。

――水不足はしょうっちゅうあったんですね。

畦地：ほとんど毎年あったよ。番水会議。

――番水会議はどのような人が集まるんですか？

畦地：用水議員。今でいえば役員やわね。その時分は用水議員と言うた。

――決定はみんなで決めるわけですか？

畦地：ほうや、ほうや。寄合って、ほってまあ。辰巳用水の水門を何時から何時までは何寸下げるとか、全部閉めるとか、決めるんや。まあわしらは「飲まし方によって」ちゅうとるけど、まあ冗談のようにそう言われとったわ。

――畦地さんもうまい目にあった口ですか。

畦地：いやぁ、わしはそんな。その頃は小僧やさけ。そんなうまいわけにいかん。

――水不足のときは兼六園の方に水は行かなかったのですか？

畦地：昔は田んぼを優先して兼六園は後回しやった。ほんとにひどいときは止めたんや。

――なるほど。では、兼六園は水が行かないときはポンプアップしてたのですか？

畦地：いや、そんな時分はポンプ無いさけ、すぐ涸れた。兼六園を優先してやるようなったんは区画整理が始まって、田んぼがどんどん減っていったもんで、田んぼから賦課金が入らんようになってきて、兼六園へ負担金をもっと増やしてくれということで言うた時や。辰巳用水は田んぼがだんだん減っていくと、「いずれは兼六園の負担金にウエイトをおかんとやっていけんようになるんやないか。その時は兼六園の言うことを聞いとくまっしや」ということで、考えを切り替えたんや。渇水になっても田んぼは分け合うて、兼六園は優先することにしたんや。兼六園への管（＊7）は、今は末町のあこに取入口あるけども、昔は天徳院のあこで開けとったんやさかい、必然的に水が行かんようになる。兼六園は下にあるさけ、天徳院のあこに取入口があってん。ほやさけ「くれもへちまもないげん（水をくれと言える状況ではない）」、水が無いようになれん（取入口で水が無い状況となる）。

（＊7）兼六園専用管については4．7節に詳しい。

4．6　国の史跡指定前後 ―文化財としての性格―（注：4．6節）

（注：4．6節）辰巳用水の管理に関して、国史跡に指定（平成22（2010）年）された後の畦地さんの感想が描かれる。

――いつだったか、末町かどこかで辰巳用水のトンネル天井の部分が上まで抜けたところがあったでしょ。

畦地：ああ高いとこ。

――あんなところの工事はどうやってされているのですか？業者さんに頼むのですか？

畦地：十何年前かに調査委員会を作って調査して、どれだけかかるか測量した。「だいたい10億ほどか、全部直すと」ということになったんや。

――10億円ですか、すごいお金ですね。

畦地：ところが工事の段階までいっとらんわけや。国の史跡に指定されて、ああいうのも直さんなんということで今、金沢市の文化財保護課で調査して、順番に直していこうということになった。大道割のトンネルに一番危険なとこがあるんや。そこを直すことになっとる（平成26（２０１４）年当時の話である）。

――ぐにゃと曲がっているところですか。

畦地：それを一番先に直そうということでこれは今年（聞き取りの時点であり平成27（２０１５）年である）中に工事に掛かる。これは文化財保護課（金沢市）が、文化庁の補助でやるんや。

――文化庁の許可を受ければ、予算がもらえるということですか。

畦地：ほうやね。文化庁ということは、文化庁が何割、県何割、市何割、ほいで地元はいらんがや。

――そうなのですね。文化財に指定されていないと地元負担が入ってくるが、指定されたので地元の負担がなくなるということですか。

――辰巳用水が史跡指定にされる前と後で、維持管理の上ではどう変わりましたか。やりやすくなったのか、それともやりにくくなったのか、どうですか？

畦地：指定された前と後とでか？　ほりゃ指定される前の方が自由やったわ。

――何かしたいと思ったらお伺いをたてないといけませんか。

畦地：ほうや、もちろん。ちょっとした護岸にしても、何をするにしても全部許可とらんなん。（＊8）

――江浚いとか日常の維持管理は許可不要ですね。（＊8）

畦地：ほうや。指定される前の話やけど、こんだけ縛り付くと

（＊8）文化財や史跡の現状変更については、文化庁長官の許可が必要であることは文化財保護法に謳われている。しかしこれには、「適用除外」の記述があり、日常の維持管理、非常災害のために必要な措置、影響が軽微なものは除外されている。畦地さんの発言は少し感情的である。

は思わなんだ。指定されて。

——というと？

畦地：木1本切るのに「待ってくれ」と言われたことがあるもんね。東岩取入口へ降りるのに県道上の覗きのあこから崖の中腹ずっと行く、それが本当の水門行く道やってん。その道も復活しようということで草刈りしてんけどね、ど真ん中にでかい柿の木やったかな、この木邪魔になるな、切ってしまえと言うとったら、ちょっと待てと。それで切れんがや。

——指定されるとトンネルの中だけじゃなく、その上の部分も全部制限されるのですか？

畦地：ほうや。崖の上も史跡の指定区域に入っとるとこがあるんや。

——「木を切りますよ」と申請をして、許可を取らないといけない。

畦地：ほうや。こん時は許可を取らないかん、と言われた。市の文化財保護課が待ってくれ言うげん。お伺いをたてて、承認もろてそしていいぞということになる。（＊9）1カ月くらいかかったかいね。

（＊9）史跡内における軽易な行為（雑木を切る等）に対しての許可は金沢市に移譲されている。

4.7　兼六園専用管のはなし（注：4.7節）

（注：4.7節）大正末期の陸軍大演習に際して初めて設けられた兼六園専用管は、都市化の進展による水質悪化により、その取入口はどんどんと上流へ移設された経緯が描かれる。

（1）用水管理の時代的な変遷

――畦地さんが水利組合に入った頃からの用水管理の時代的な変遷を、10年ごとくらいに分けて聞かせてもらえませんか。

畦地：さっきから言うとった通り昭和30年代まではまだきれいやったと。そして、区画整理が始まって昭和40年代になって汚れだした。ほんでもう昭和50年代は汚れ放題であって、ほんと石引町とか臭かったもんね、事実そうやってん。わしゃほんと「用水の水をきれいにしたい」という一心だけやってん。汚れた水を元へ戻したいというのがね。ほやからはっきり言えばタバコの吸殻ひとつポイと捨てるのを見ても注意したもんや。「タバコの吸殻くらいなんじゃ」と反対に叱られる。開渠にゴミ袋をほる（捨てる）人もおるし、こうもり傘が駄目になったらほるし、そうすると水門なんかにみんな引っ掛かってね。水の力でペタンとくっついて。ほんとあんなん弱るわ。（図4．7－1参照）

――昔（昭和30年代初め頃）の石引町小学校（現在の北陸銀行小立野支店付近）の前は開渠の幅も広く、きれいな水が流れていました。兼六園への専用管など必要なかったと思います。

畦地：ほうや小立野あたりは開渠でずっときれいな水流れていたわ。

（2）兼六園専用管の始まり

――兼六園の専用パイプ、今は末町から行っています。位置的に私もよくわからないんですが。兼六園の専用管は辰巳用水からは離れているのですか？

畦地：石引の県道付近では用水のところから1m20㎝ほど離れた道路の下にある。大正末期に大演習かなんかあって、摂政宮さ

図4．7-1　水門やスクリーンに引っ掛かったゴミ（小立野2丁目付近）

んが金沢においでたときの記念事業で天徳院のあこから別の専用管路を付けたんや。兼六園へ入る水については。（章末の【補足説明】兼六園の専用管を参照）

――それは暗渠ですか？

畦地：暗渠や。それは大正末期や。

――開水路とはまた別にですか？

畦地：兼六園へ入る水が汚れるちゅうことで、用水路とは別の管路を作ったちゅう。

――ああ、大正13（1924）年陸軍大演習と年表にあります。

畦地：ほうやろ、末期や。

――昭和天皇が皇太子の時代に見に来られたのですね。

畦地：そのときの記念事業で兼六園のための別水路を天徳院から作った。

（3）専用管の延伸

――先ほどの続きで農業用水から兼六園へこうウェイトがぐっ

と高まるようになったというのはいつ頃ですか？

畦地：まあ10年あまり前やわ。

——今から？

畦地：おお、兼六園を優先するってなったのは15、6年経つかな。

——前言われてた、兼六園への取入口が、農業用水では普通には起きない程にどんどん、どんどん上流へ移っていったというのも、その頃ですか？（＊10）

畦地：あれはもう徐々に上げとれんて。

——それが徐々に上がってきたということは、やっぱり、兼六園を少し大事にしないといけないということですか。

畦地：大事にというか、兼六園の水が汚れてきたがと（図4．7-2参照）、どんどん家が建って。それもあるし家が建ったということは田んぼの受益面積も減ってきたということで、賦課金の金額が少なってきたもんで、用水やっていけんようになる、ということで上流へ上げてきた。初めは反対したんや、（上流上げるの）役員の連中は。ほやけどほんなこと言うとったらし

（＊10）専用管と農業用水

兼六園専用管の取入口は段々と上流へと移動した。下流側の利用者は自分の取入口での流量が減るので、強く反対するのが普通である。したがって、兼六園への専用管取入口が何度も上流へ移動することが辰巳用水土地改良区の了解を得たのは、大変稀なことであったと言える。

まいに辰巳用水はやっていけんようになる、ということで負担金をもっと増やしてもらうようにするには、やっぱ兼六園の言うことを聞かんなんやろうということになった。これ書類で交わしたわけでもなんでもない、それなら上にあげてもしゃあないんやないかということで。（図4．7-3参照）

――初めは嫌々ということですか。

畦地：もちろんや。下の田んぼ連中は嫌々やちゃ。

――辰巳用水から水が来なくなるようなひどい渇水の時には、兼六園がポンプで水を揚げるようになったのはいつ頃からですか？

畦地：ポンプで揚げるのはだいぶ前やぞ。（＊11）

――兼六園の専用管の取入口を上流へ移動したということは、やはり、水利用と水質の実態が時代とともに変化した表われだと思います。その中で兼六園の存在が大きかったのですね。

畦地：大正末期は天徳院まで、昭和36（1959）年から錦町まで、45年からは涌波まで、ほれから53年で末へいっとれん。

昭和45年3月17日（火曜日）

水明は台無し

流れ込む汚濁水

上流、密集地に一変して

図4．7-2　当時の兼六園の状況（昭和45（1970）年3月17日付読売新聞石川版）

"新辰巳用水"を建設

新年度に　地下方式で汚水防ぐ

"水清い兼六園"復活へ

図4．7-3　専用管延伸の記事（昭和45（1970）年2月16日付読売新聞石川版）

――昭和53（1978）年に今の形態になったということですか。大正末期から昭和53年ね。ああ、これでわかりました。昭和53年の頃にはもう完全に上流の末町から取っているから、これが一番最後ですね。

畦地：ほうや、53年に末（町）までいっとる。

――錦町あたりから取っている頃だったら区画整理も完了してるし、そんなに水取っていないでしょう。錦町から下流で田んぼの水を取っていましたか？

畦地：亀坂《がめざか》水門、あこから笠舞へいっとった。

――ああ、なるほど。

(＊11) 石川県金沢城・兼六園管理事務所によれば、ポンプは2カ所にある。山崎山下（小立野からの入り口側）に昭和38（1963）年8月に設置され、次に、眺望台（二条管付近）に昭和43年8月に設置された。

【補足説明】兼六園の専用管

最初に専用管を敷設したのは、大正13（1924）年に金沢で陸軍大演習があり、摂政宮（後の昭和天皇）が臨席されるのが機縁であった（畦地さん聞き取り）。この時、兼六園に汚れた水が流れていては困るので、天徳院付近から専用管が敷設された。天徳院の上流付近でも汚れがひどくなってくると、専用管への入口は段々と上流に延ばされて行った。昭和36（１９６１）年には錦町まで延伸、昭和45年からは涌波まで、それから昭和53年には末（犀川浄水場）まで延伸され、現在の形となっている。これは金沢の市街化が郊外に向かって伸びて行った経緯と軌を一にしている。

　現在の専用管の敷設位置は用水路敷地内（用水路下）もしくは用水路にほぼ平行する道路敷の下であり、延長は５７４０ｍである。標準断面は、直径４５０㎜前後のヒューム管かコンクリート構造の管路となっている。

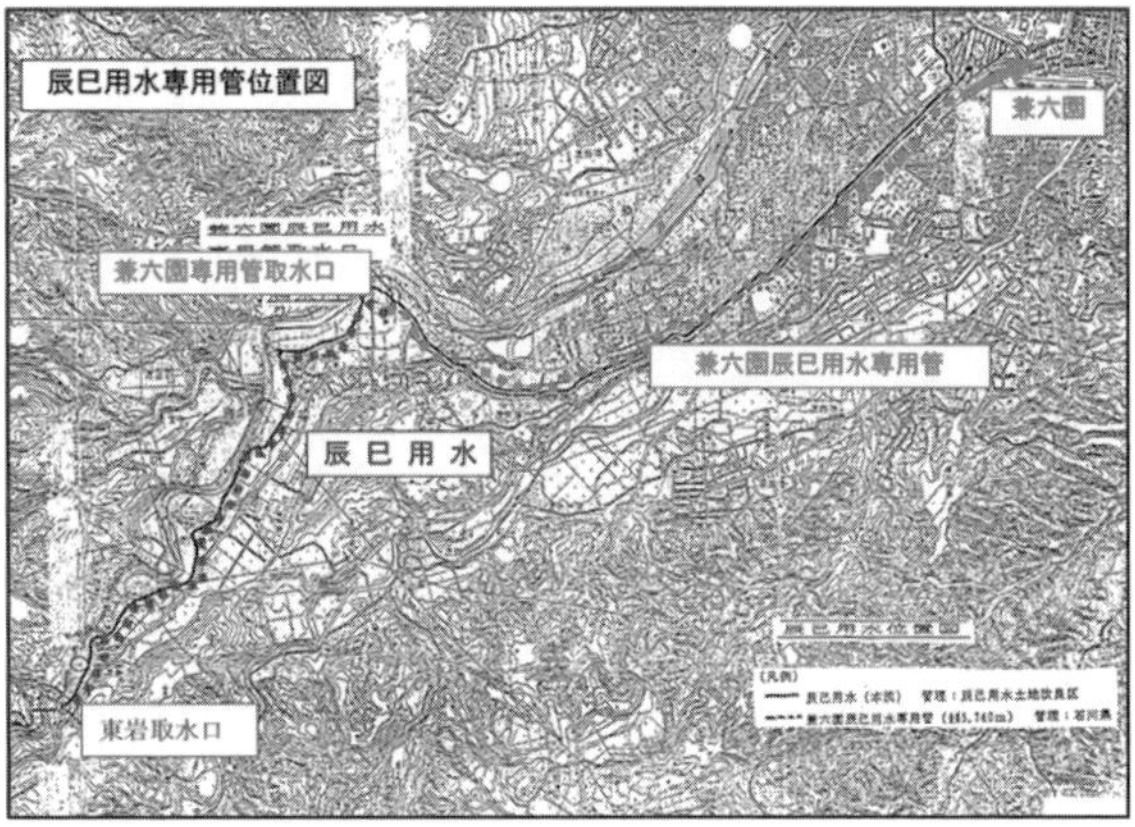

図4．補-1　現在の兼六園専用管の経路図

図4.補-2　兼六園専用管取水口（犀川浄水場内）

図4. 補-3　辰専マンホールの蓋

第5章　維持管理の信念

第5章　維持管理の信念

5. 1　辰巳用水はこうあってほしい（注：5. 1節）

（1）子どもが遊ぶ辰巳用水

――辰巳用水はどうあってほしいですか？

畦地：わしが一番に思うとったのは、水をきれいにしようってことや、これはいっつも思うとる。

――この辺（崎浦付近）が市街地化されて、末町まで家がいっぱい建ちました。

畦地：わしらが知っとる時分はこの辺は水きれいで、子どもが泳いどってんわ。八幡さん（上野八幡神社）のあこら。

――畦地さんが泳いでいたのですか？

畦地：なん（いや）、子どもらや。この辺の5、6歳位の子どもらや。

（注：5. 1節）アユが泳ぐ、水がきれいな辰巳用水が畦地さんの原風景である。子どもが泳ぎ、「こうど」でものを洗っている市民の生活も語られている。

――畦地さんが泳いでいた訳ではないのですね。

畦地：そうや。その当時、八幡さんのあこらは用水がカーブしとって、こんな広い道やなく荷車道やったわね。そしたら子どもが泳いどったんや。そんなきれいな水にわしは戻したいと。

畦地：わしが6歳頃は、ウナギやらあんなもん捕りに爺《じじ》（母方の祖父：11章参照）と一緒に広坂通りへ行ったんや。爺がほんなものを捕ることが好きやったさけ。ほんで、わし「ミノコ、ミノコ」言われて、「オイ、ミノコ、ウナギ捕りに行くぞ、こいやっ」って。爺が連れて手え引っ張って、ジャンジャン（金属性のバケツのような容器）持って。笠舞から広坂までわしらの足やと結構遠かった。ちょうど坂をドーンと降りてきた、昔でいう中署（現在の広坂緑地）の前やね。あこで捕っとった。コウモリ傘の骨曲げたやつにミミズ付けて引っ張れんて（引っ張るんだよ）。ほうしたらこん中におるわ。ほうすると引っ張るけどなかなか出てこんがや、石垣の中やさけ。

――昔は（石垣が）空積で隙間が巣穴みたいになるから、棲んでいるのですね。

畦地：よっぽど（とても）おったもんねんね。あんなん捕りに行ってたんや。

――用水で子どもらが遊んだというのはいつ頃までですか？

畦地：ありゃあね、昭和24、5年頃までやわ。ここらすごい水流れとったよ。滔々としとった。

――子どもらが遊んでいた頃は、魚がいたはずですが。

畦地：ほうや、ほうや。ほやさけアユでもおったがやちゅうもんや。アユまではいかんでもウグイくらい泳いどる、そんな用水にしたいいうことを、しょっちゅう言うとる。

――七ケ《しちか》用水でも昭和48、9年くらいまで、たまりのところでウナギやら捕って、捌《さば》いて蒲焼にして食べた。それから2年くらい経って、粉石けんが出てきたら、まったく捕れなくなった。

畦地：ああ、やっぱあれでやな。洗濯機の水がみんな用水流れて。

――泡だらけになった。そうしたらもう一匹も魚がいない。

(2)「こうど」の清掃が日課

畦地：水が汚れてきた時は、「どうしよう、きれいにせんなん、元に戻さんなん」と。元はきれいやったから。わしが辰巳用水普通組合に入った時分は、今のうちの事務所の前あたりから上野の八幡神社、あこら上野本町の、昔でいう在所、上野という村やってんわいね。あこの子どももなんか、みんな用水入って泳いどったわいね。今でも水門のあこに閘戸《こうど》みたいなもんがあって、降りれらん（降りられるように）なっとる。あれが昔からある閘戸ねんわ。そこから子どもが降りて用水入って泳いどってんわ。それが汚れてきたもんやさけ、ほんなことできんくなった。わしとしたら、「なんとかしてもこの水を元に戻したい」とそれに燃えとったげんわ。ということで（小立野の）マルエーの前の水門とか毎朝掃除しとってんわね。出勤する時に寄って、ゴミを全部外して階段のとこに揚げといたんやね。ほんで（そうすると）市が回収してくれた。少しでも水をきれいにせんなんと、そればっかり考えとった。

――先ほどの説明で「コード」って聞こえました。小松にも前川っていう川があって、川のところへ降りる斜路というか、階段、これを地元では「コウド」と言っていたのですが、これのことですか？ 辰巳用水の水路へ降りていく階段というか管理しやすい施設を「コウド」と言っていたのですか？

畦地：コウドちゃ（コウドとは）、階段作って物を洗ろたり（洗ったり）するとこや。コウドってどんな字を書いとったかな？ ［門］の中にコウやなかったかな。

――私たちはね、さんずいへんの［河］と［道］でコウド。

畦地：ドウでねえげん。トや。とびらの［戸］や。

――ああ、閘戸ですか。

畦地：確かほうやったはずやわ。降りていって、洗濯したり。いまだ閘戸の残っとるとこマルエーのそこぐらいやわ。無いわどこにも。錦町にあるかなぁ。（図5．1-1参照）

図5．1-1　錦町の閘戸

5．2　用水の生き物（注：5．2節）

──生き物のことに興味があって聞くんですが、アユは1年で入れ替わる、1年でいなくなりますよね。そしてまた新しいのが入ってくるんですが、そこに棲みついていた魚などはいないのですか？

畦地：棲みついとったのはおらんね。

──アユとウグイのほかにどんな生き物がいましたか？

畦地：棲みついとるのはおらんわ。

──カニは？　サワガニみたいな。

畦地：ああカワガニはおるわ。

──モクズガニですか？　こういう毛が生えているやつ。

畦地：結構でかいのがおる。水門のあこに結構大きいのおる。

──この毛が生えているものですか。ヤマメはいないですか？

畦地：あんなもんはおらん。

──昔からいないのですか？


（注：5．2節）辰巳用水に棲む生き物が話題となる。

畦地：あれはごく上流行けばおる。トンネルの中にはたまに入っとる。

——トンネルにいるんですか。あと、水草みたいのはどうですか。水質が悪化する前は？

畦地：水草は生えなかったんけどね。

——そうなんですか。水温が低いからかな。でもアユがいるってことは、石の上に藻が生えていないと餌が無いですね。トンネルの岩盤のところに藻が生えていなかったですか？

畦地：トンネルの中には藻はない。

——いや、もっと下。末町の方にも藻はなかったですか？

畦地：ほんなもんない。

——じゃあアユはただ通過していくだけですか。

畦地：餌なんかあるんかな。

——水路の底は基本的には砂利ですか？

畦地：砂利みたい。1年にいっぺん江浚いすると、ヘドロみたいなもの溜まっとる。末町のあこは勾配が無いとこねん（無いところだ)。ほうやさけ土砂が溜まる。あこはなんべんでも崖崩れで抜けとるとこや。

――犀川浄水場のとこで田んぼを抜けたと言ってましたよね。

畦地：うん。あこは二度抜けとれん(抜けている)。(第2．5節参照)

5．3　維持管理の信念(注：5．3節)

――第1回聞き取り時の最後に、辰巳用水をきれいにする一心で維持管理している、というお話がありましたが、その辺の信念を聞かせてください。

畦地：ほうやね、それは今でも思うとる。きれいな水が昔みたいにどうどうと流れるように。今はそんなん流れれん(流れていない)わね。昔は中へ入って飲めるほどの水やってんけど。昔みたいに戻るということはまずない。まあ、現在きれいになってきとるさかい、あの水をもうちょっと増やしたり減らしたりせんと、一年中安定してザァーと流せたらいいなというこ

(注：5．3節)維持管理の側から見れば、きれいな水が安定して流れている辰巳用水であって欲しい、と述べられる。

とやね。

――兼六園にぶつかって、左のほうへ行くルート（広坂）の用水がありますが、どこかで分岐されているようですが。（図5.3-1参照）

畦地：はっきりいうたら、あこも水しょっちゅう流したいげんわ。広坂、あこも昔はジャーッと流れとってん。流したいげんけど、流れん日の方が多い。

――そうですね。渇水の時などは本当に流れてませんね。そういうことも含めて、水をある程度の深さでいつも流れている状態が良いということですか。

畦地：安定した水をしょっちゅう流したい。

図5. 3-1　広坂の横を流れる辰巳用水
（護国神社付近から県立美術館と広坂に分かれる）

第6章　社会貢献

第6章　社会貢献

6.1　小学生のトンネル見学会

――辰巳用水の見学に行きたいという「まなぶ会」の会員がたくさんいるので、小学生のトンネル見学会（図6.1-1参照）に便乗させてもらえるとありがたいと思っています。どんな時期にあるかを知りたいですね。

畦地：ほやけど、今年（2015年）は案外と少なかってんわ。

――そうですか。

畦地：今度の25日の土曜日に犀川小学校が来るげんわ。ほやさかい小学校の見学会が済んでから。

――一番後ろでも良いですよ。ただ我々も大挙して行くことはないので、その時に行ける人だけ2、3人とかになると思いますので、ついでに連れて行ってください。

畦地：あとは11月14日に愛知用水の土地改良区、これは何人来るんやろ。ああこれは中入らんげん。そんならもう水止めて見学っていうのは犀川小学校のこれだけやわ。

——いつものあそこですかね、辰巳ダムに行く道路から別れるあそこの場所。

畦地：そうや、ほたる橋の手前を左入って行ったあこからやわ。

——後ろにくっついて見せてもらうってことで。10人も20人もぞろぞろと、そんな訳にはいかないだろうし、数人なら大丈夫ですか？

畦地：いいわいね（いいですよ）。小学校の生徒の場合はかわらけに火をつけて、タンコロっていうんやけど、それに灯心《とうしん》つけて、油入れて昔と一緒の再現して見せる。

——なるほど、灯りの再現はあった方がいいですね。

畦地：小学校の生徒にはわざわざ（灯りを）つけて見せとれん（見せている）。入口でこんなツルハシで掘ったんやぞと見

図6. 1-1　小学生のトンネル見学会

せて。そしてモッコとか、子どもはモッコも知らんもん。これで泥を運んだと全部見せるんや（図6．1－2参照）。こんなもんだったがやぞって見せて説明して、そんでトンネル入るげん。

――子どもはヘルメットとか長靴とか用意してこられるのですか？

畦地：いや、帽子やわ（図6．1－3参照）。ヘルメットやらなかなか揃わんもん。

――我々の場合はちょっと背が高いから、ヘルメットが必要ですね。

畦地：ああ、ヘルメットで頭守らんと。

――小学生でも100m、200mは歩くんでしょ。

畦地：150mほど歩く。

――歩くでしょうから、頭ぶつけないようにしないと。

畦地：子どもやから頭はぶつけんわ。

――この機会（10月25日）を逃すと、どうなりますか。

畦地：水を止めて入る見学はもう無いわ、今のとこは。皆さん

図6．1-2　モッコで土を運ぶ実演

方が入るってことになれば別に水止めて日を作ってもいいよ。

——それではあまりにも申し訳ないですよ。見学会は春にもやるのですか?

畦地：春はない。

——やはり見たいでしょうね。募集してみて、たくさん居たらまたお願いするかも知れません。

畦地：はい、11月11、12日は用水の役員全員おらんさかい。視察へ行くんげんわ。長野県の五郎兵衛用水へ。

——ああ、五郎兵衛用水ですね。

6．2　畦地さんの案内にまなぶ

——体の調子はいかがですか。

畦地：やっぱあんま（あまり）調子ようない。

——秋になったらまた小学生の見学とかあるでしょう? 畦地さんに案内頂くことはできますか?

図6．1-3　小学生に説明する畦地さん

畦地：今年の秋にならな（ならないと）分からんわ。

——そうしたら代わりに誰か案内をお願いしないといけない？

畦地：いや、ほんなんおらんげん。この間も『ブラタモリ』（＊1）の撮影のときには、市の埋蔵文化財センターにおる谷口《やぐち》さん、彼がタモリと一緒にトンネル入っとれん。

——そうなんですか。

畦地：わしゃ入口で喋って、「行ってらっしゃい」言うて別れて。わしゃ車で下へ回って、タモリが出てくる横穴で待っとってん。ほいで「おかえり」って、また話しとる。トンネルの中は彼が全部喋っとる。

——（畦地さんが案内しているときの話を）どこまで知っているかですね。

畦地：彼はわしの話とは違《ちご》た（別の）こと話しとれんて（話している）。（＊2）

——そうすると、見学会がある日に、たとえば150m見学するなら、畦地さんが喋っているところを録音して、その音声を

（＊1）NHK『ブラタモリ#3 金沢』（2015年4月15日放送）で辰巳用水が取り上げられた。タモリらが歩いたトンネルは、見学会と同じ区間である。

（＊2）トンネル内部の案内人は畦地さんではなかった。タモリが聞いた説明には谷口さんの意見も含まれており、畦地さんが普段喋っていた内容とは異なっていた（「間違っていた」という意味ではない）。

流しながらトンネルの中を案内する、ということはできるかもしれませんね。そうすれば何回でも使えるでしょ。私たちでも。

畦地：ほうや。

――だから1回だけでも入ってもらって、テープに録って、そうすれば。

畦地：そりゃいくらでも入るけど、まだ足元がしっかりせんさけ、案内できんげんて。

――最近、機械は小型になってます。畦地さんが話すときに、録音機を持って我々が傍にいて録音します。畦地さんは手に何も持っていなくてもそのまま録音はできますから。そういう形で一度、録音させてください。

畦地：ああ、どうぞ。考えとくよ。

※平成26（2014）年～平成28（2016）年の小学生辰巳用水トンネル見学会の様子を「まなぶ会」のホームページに掲載した。

第7章　畦地さんの夢

第7章　畦地さんの夢

7．1　明治九年絵図について（注：7．1節）

（1）土地改良区の宝—明治九年絵図

『明治九年辰巳養水路分間繪圖』（以後、明治九年絵図と略称）は辰巳用水土地改良区所蔵の絵図である。『加賀辰巳用水』の付図にもその複製が収録されている貴重なものである。同書の絵巻・絵図解説によれば、『本図は、平面図として最初に描かれた辰巳用水の全図で十葉からなる。江戸期の図は鳥瞰図で兼六園入口までが描かれていたが、本図は兼六園から下流堀川町（場所の概要は、口絵4．辰巳用水全図に示す）まで、さらに末端の諸江村、割出村迄が描かれている。』とある。作成の動機については、明治4（1871）年廃藩置県と共に県の経営となり、さらに県から各村経営に移管するにあたって新たに作

（注：7．1節）明治九年辰巳養水路分間繪圖は、平面図として最初に描かれたものである。事務所の移動に伴い廃棄物に仕分けられていた書類の中から、畦地さんが拾い出した因縁がある。良好な維持保全のために、図書館への寄贈が決まった。

成されたものであろうと推測されている。

（2）明治九年絵図が辰巳用水土地改良区に残った経緯

この絵図が土地改良区に残った経緯を畦地さんの言葉で記すと、次のようである。

畦地：辰巳用水の資料、あんな図面だけでなかったと思うがや、あったのは。崎浦出張所に辰巳用水組合の事務所があって、出張所が廃止になる（移転する）とき（昭和27（1952）年10月）に、捨てる書類の中にあの図面があったんや。

――捨てる物から拾い上げたということですか。

畦地：ほいたらびっくりしてん（びっくりした）。それまでそんなもん見たことなかったし、そんなもんあるのも知らんかった。ほかもなんかないかと思うてんけど、もう地図だけしか、ダンボールの箱に詰めてあったあとのもん全然分からん。その時分わしも若造やったさかい、そこまで研究心も無かったし。

（3）近年の保存状態

畦地：資料館作ってね、展示でもできればいいがや、辰巳用水でも。明治九年絵図でも展示できるし。心配なんは、なんかあると拡げては見とるやろ、あれ一番気になっとるげんわ。どうしても傷むしね。大事なものやさかいに、もっと大事にどこか保管してもらえば一番いいげんわね。

（4）金沢市立玉川図書館近世史料館への寄贈

明治九年絵図の保存については畦地さんからの聞き取りにおいても何度か話題となった。辰巳用水土地改良区の事務所では温度や湿度の調整や古い文書の修復専門家に依頼することも不可能に近いので、辰巳用水にまなぶ会と畦地さんの議論の結論は、専門の施設に寄贈し、保管を任せることが妥当ではないかということとなった。辰巳用水土地改良区は平成29（2017）年1月の理事会で、金沢市立玉川図書館近世史料館への寄贈を決定した。

7．2　管理の将来像（注：7．2節）

――辰巳用水の将来を考えたときに、畦地さんの信念としてこういうことはやっぱり守っていかないといけないとか、こうであってほしいということは何かありますか？

畦地：昔から用水の関係者は一生懸命守ってきとれんやさかい（きているのだから）、辰巳用水はトンネルも残っとれん（残っている）。これからもみんな協力して、用水を守っていかんなん、と思うげんけどね。わしがおらんようになっても誰かが守っていってもらわんと、また荒れてしまうことになる。

――今は普段の管理は土地改良区がやっておられるわけです。現場の皆さんが守っているから続くと思うのですが、たとえば市であるとか行政がもっと関与してくれないとなかなか大変ではないでしょうか。

畦地：それね、しょっちゅう言うとれんけども（言っているのだが）、今じゃ土地改良区として管理することは無理やという

（注：7．2節）土地改良区の組合員が減少し続けているので、農業用水としての継続は難しいと畦地さんは感じている。しかし、史跡としての価値は高く、水を止めるわけにはいかないという畦地さんの悩みが述べられる。

ことやね。受益面積も減っていき、私の跡継ぎもおらん。跡継ぎを作ろうにも予算が無いからできない。辰巳用水は国の史跡やさかいに文化財関係で管理するとか、金沢市文化財保護課とか、ああいう行政で管理するとか、そういうことをしてもらえれば良いがんねえかなと、わしは思とれん（思っている）。

——受益面積に応じてお金が入ってくるというのは、農政局というか農業サイドからのお金が入るということですね。その分がどんどん減っていってしまうと心配ですね。

畦地：増えることはもう無いわね。ほっと（そうすると）予算の出所が無くなるということで、今のとこは本当に県の、兼六園の賦課金、分担金やわね、あれでほとんど賄なわれとるような状態やわね。

——兼六園は特別名勝ですから文化財ですよね。そういった方面からの賦課金が大半であるということですね。

畦地：今じゃね、辰巳用水は農業用水としてやって行くのは難しいと思うとれん（思っている）。耕作地が20 haそこらぐらいでもって。

7．3　逆サイフォンについて

―畦地さんの夢・まなぶ会の夢―（注：7．3節）

辰巳用水の逆サイフォンについて、畦地さんは現在の状態（例えば、兼六園、霞ケ池《かすみがいけ》、寄観亭《きかんてい》、石管など）に基づいて聞き取りに答えている。しかし、こうした施設は辰巳用水が建設された寛永9（1632）年には存在せず、現在までの変遷の中で形成されてきたものである。そこで、時代に関する前後関係の誤解を避けるために、逆サイフォン部分に関する主要な変遷について本章補足にとりまとめたので、これを参考にしながら、本文を読んで頂きたい。

（注：7．3節）江戸期における逆サイフォン取入口の変遷及び、現在の遺構の状態が紹介される。畦地さん及び、まなぶ会の逆サイフォン遺構整備に関する夢が述べられる。そして関連して7．2節でも述べられた辰巳用水の持続性にも話題が広がる。

（1）逆サイフォンについての夢と「辰巳用水の日」

畦地：希望とか夢ってさっきから言うとるわ。昔通りのきれいな水がもっとどうどうと流れて、金沢城かて昔逆サイフォンで入っとったんやから、逆サイフォンを再現して金沢城へ水を入れればいいがんないかと、思とれんわね。

――逆サイフォンの入り口としては霞ヶ池の虹橋付近ですか。水門の先に、寄観亭の方向に石管が二列並んで伸びています。あそこですか。

畦地：おおそうや。あこは一番大事なとこやと思うがやね（図7．3-1参照）。あんたらの理事長（玉井）も言うとる。ほやからあれをちょっこ整備していいがにすればどうかなと思うとれん。（章末の補足【逆サイフォン始点位置の変遷】参照）

――大変な事業ですね。

畦地：ほうや、ほやけども兼六園もこんだけ人来るようになったら、せんなん（しなければならない）。

――図7．3-1から7．3-3を見ると、辰巳用水の逆サイフォンは非常に大掛かりなものであることが分かります。逆サイフォンの取入口の遺構が目に見える形で残っているのは兼六

図7．3-1　兼六園虹橋付近の二条の石管

園であり、石引町での木管（7．3（2）参照）や金沢城内の管路は地下に眠っています。整備するときには寄観亭の脇の逆サイフォンの井戸や関連施設について少なくとも元がどうであったかという発掘調査をしてもらう方がいいと思うのですが、どうでしょうか。

畦地：おおそうやね。

——そうですね。観光面でもそれだけの価値はあります。

畦地：兼六園虹橋付近の解説板にも書いてはあるんやが……。（口絵6．参照）

——あの箇所は「まなぶ会」としても、もう少し広報してほしいと感じています。寄観亭の後ろでは、崖を横切るように石垣が築かれ、二条の石管が敷かれており、一つは金沢城に、もう一つは兼六園北境の水路から堀と町中の水路に行っていました。ほかにには何かありますか。

畦地：わしゃ、兼六園に無料の日ってあるやろ、あの日を1日だけ「辰巳用水の日」にせえって言うげん。

図7．3-2　石管の先に見える井戸

――本当にそうです。辰巳用水さまさまですからね。兼六園も辰巳用水の価値というものを観光客にアピールしてほしいですね。

畦地：残っている逆サイフォンのあこをもうちょっとこいいがにして、「辰巳用水の日」を作ってほしいんや。（図7．3-4参照）

――金沢城も復元整備が進んでおり、逆サイフォンの到達地点である二の丸御殿の復元計画も動き出しています。我々も辰巳用水の講演をこれまで何度か行っていますが、どの講演でも多くの市民が逆サイフォンに関心を持ってくれていることを実感しているところです。こうした活動を通して逆サイフォン復元の機運を高めていって、市民も含めた県・市・土地改良区すべての関係者を含む一つの大きなグループができると、辰巳用水の将来のためにも良いですね。これは「まなぶ会」の夢です。畦地さんも山出・畦地対談でこうした議論をしましたね。（特別収録：山出・畦地対談のまとめ、4および5参照）

畦地：ほうや。

図7．3-4　聞き取りに際し、熱心に語る畦地さん

図7．3-3　石管が敷かれている石垣

――兼六園を訪れる人々が、逆サイフォンの遺構にもう少し目を向けるような説明を考えてほしいですね。ちょっと目立たないから。みんな徽軫《ことじ》灯籠ばっかり見ている。

（2）畦地さんが木管を救う

――畦地さんが逆サイフォンに使われていた木管を見付けたという話を聞きますが、場所は紫錦台中学校のあそこの歩道の所ですか。

畦地：あれは県の歩道工事の時に出てきた。昭和56（1981）年や。「畦地さん変なもんが出てきた」と当時瀬戸建設から電話があったんや。瀬戸建設はよう知っとる。慌ててわしが見に行ったら、まだ掘っとる最中やってん。ほいやさけわしゃ「おい、ちょっと待ていや」と「ほんなもんな、まくってしもたら元も子もないさけ」って言うたら県やら市が見に来たんや。ほいでわしは「ここに全部掘り返さんとまだ残っとるはずや」と、「こんなもんが残っとると、埋めてあるということで、記録に

うになれん。（＊2および図7．3－5参照）

――用水の下に石の管があるのですか？

畦地：違う。あの時は木管や。木管は用水の底にずっと布設されとった。あげたものだけは仕方ないから、今は石川県埋蔵文化財センターへ持っていっとる。

――木管って腐らないものなのですか？

畦地：きちっと埋めてあれば腐らんげんね。

――そうなんですか。水がいつでもあるとか、いつでも乾いているとか一定の条件になっているんですかね。

畦地：埋まっていて水が通っていて、びしっとして腐ってなかったわ。

――そうでしたか。それはすごいですね。

畦地：すごい頑丈なんにしてあったわ、ぴしっと両方杭で。

――くさびで止めてあったんですか。

畦地：東京の玉川上水の木管もあの形式でやってあった。

（＊2）畦地さんが立ち合った工事現場の木管は、二の丸への配水のため、石引町水門まで逆サイフォンが延伸された際の木管である。

図7．3-5　用水下から出土した木管

――青木治夫さんが大変熱心に研究していましたね。

畦地：ほうや、あれもわしがおらなんだら全部壊してしまうところやってん。わしが「やめ」いうて止めてん。（＊3）

――木管というのは今でいう兼六園の入口ではなくて一番上流といったら末町のあたりまであるのですか？

畦地：石引町までや。紫錦台《しきんだい》中学校の下のほうでまだ出てくると思うげんわ。

――それでは木管は寛永9（1632）年に辰巳用水が完成する前から敷設してあったのか、その後なのか、同時だったのですかね。

畦地：おそらく同時やろ。用水ができる前に木管だけ埋めるということは無いわ。

――まず年代はこの本（青木治夫『辰巳用水に見る先人の匠』能登印刷出版部、1993）によると、木管の蓋を留めてあった釘を炭素14による年代測定をしました。金大と東北大と京都産業大で測定した結果、63％の確率で寛永2（1625）年か

（＊3）『加賀辰巳用水』による発見と調査の時系列は、以下のようである（p.385）。木管が県道改良（街路）工事に伴って発見されたのは昭和56（1981）年3月である。その後、歩道築造工事と併行して辰巳ダム関係文化財等調査団による調査が5月、8月、10月、11月と、断続して行なわれた。

畦地さんが語っているのは、予想もしなかった物が出現し、皆が驚いていた現地の一コマである。

当時、畦地さんは辰巳用水土地改良区事務所長として、辰巳ダム関係文化財等調査委員会委員であった。

ら元禄12（1699）年だろうと分かりました。そのあたりだということは科学的に説明されています。ところで、辰巳用水の工事は1年以内に完成といわれていますが、どうしてそれができたと思いますか。

畦地：幕府に詳しく知られんために早いことしたんやないか。ほうやさけ突貫工事やったと。

――あとはトンネルをいかに早く造るかということで、横穴から掘ることで工期を短縮できたのでしょうね。だから当時はお城まで水を持って行きたいけど、まず堀に水を入れて、防衛をしようというのが先にあったのですかね？

畦地：そうかもしれん。今でも逆サイフォンで城に水入れりゃあいいがや、城に水ねえげんもん。池の水（城内の堀）はあんなに汚い水や。

――逆サイフォンも大変といいながら、堤の中に敷設しているから、堀の底を潜る工事ではないですね。

畦地：ほうや、ほうや。堀の下まで入れたら、圧力大変なもんや。

（3）金屋石の石管

畦地：この前富山県の南砺《なんと》市が来た。南砺市は辰巳用水に使った石管の石（金屋石）の産地で、産地の人たちがお祭りするらしいわ。石を採った町を名所にしようということで運動しとるらしい。ちょっと案内したけど、お祭りするから来てくれと言っとった。この前5、6人で板屋神社に参りに来てんて。

――それは辰巳用水とはどういう関係ですか。

畦地：金屋石の関係だけの話や、それでお祭りに参らせてくれということで5、6人で酒2本持ってきたさかい。

――その石は辰巳用水も使っている石ですか。

畦地：石管が全部そう。

――そうですか。

畦地：あれ全部金屋石やし、5000本ほど造ったと。

――あれは南砺市で造ったのですか。

畦地：あれは南砺の石や、あこに金屋というところがあれん。

――金屋石を石管に使ったのはいつ頃の話ですか？

畦地：だいたい天保年間やっていう話や。
――つなぎ合わせて細工するのは石工《いしく》さんですか？
畦地：そう。石工や、でもそんな石工はもうおらんやろ。きちっとやっぱり、出たのと引っ込んだのをぴしっと合わせて、棕櫚《しゅろ》と松脂で漏れんようにしとる。逆サイフォンに使っとるさかいに、水圧がかかる。初めは木管やったというもんやね。
――木管の方が古いのですね。
畦地：木管が古い。木管は建設当初の時代や。石管に直したのは兼六園より下流の部分で、それは天保年間らしい。
――そうですね。金沢城・兼六園管理事務所分室裏に置いてある石管も大事な遺構ですね。（図7．3−6参照）

補足【逆サイフォン始点位置の変遷】

（1）三の丸への配水

辰巳用水が寛永9（1632）年に完成した時には、金沢城への配水は三の丸（内堀：標高44m）まで導水されたと伝わっている。逆サ

図7．3-6　金沢城・兼六園管理事務所分室裏にある石管。金沢城内への逆サイフォン部分およびその下流では、天保14（1843）年以降、約20年掛けてこの石管に取り替えられていった

イフォン管には木管が使われ、木管の始点は現在の兼六園内の霞ヶ池北側にある眺望台の崖下付近（標高約48m）とされている。当時の兼六園は上級武士の屋敷地であり、屋敷の外に始点が設けられていたことになる。

（2）二の丸への配水

藩主が起居する御殿は二の丸にあったので、用水完成後も城内の導水路を二の丸まで延伸する工事が行われた。二の丸は木管の始点よりも高い位置にある（標高約50m）ため、始点を石引町水門（標高約55m）まで延伸する工事が同時に行われ、二の丸へ導水できたのが寛永11（1634）年としている。畦地さんのいう、昭和56（1981）年の道路工事で出てきた木管とは、この時代のものである。

（3）石管の時代（逆サイフォンの最終形）

その後、兼六園の土地利用の変遷（武家屋敷→火除地→竹沢御殿→庭園）に伴い、逆サイフォンの始点も現在の場所（霞ヶ池虹橋付近：標高約52m）に移動し、逆サイフォン管は天保14（1843）年以降順次石管に取り替えられていった。現在、金沢城内や金沢神社などに展示されている石管は、この時代のものである。

※近年、辰巳用水の最も古い姿を描いた絵図が石川県立歴史博物館に寄贈され、この絵図の内容を確認した結果、石引町水門の位置をほぼ特定することができた。兼六園の土地利用を含めた逆サイフォンの変遷について、その研究成果はまなぶ会のホームページに載せてあるので、詳細を知りたい方はそちらを参照されたい。
http://tatsumi-manabukai.com

第８章　辰巳用水土地改良区の近況

第8章　辰巳用水土地改良区の近況

8.1　水門を守る人（注：8.1節）

（注：8.1節）代々の水門番である辰島家により、江戸期の伝統が明治以降に伝わる様が描かれる。

――辰巳用水とか、東岩の取入口は、地元の人たちにどのように考えられているのでしょうか。

畦地：今じゃもう、地元の上辰巳に行っても詳しいこと知っとるって人ってあんまりおらんもんね。辰島《たつしま》さんもあの前の水門番しとった爺ならよう知っとったよ。今は息子（市造《いちぞう》さん）に代わっとる。息子やいうてもわしより年上やぞ。足悪くしてからやめて、北忠男さんが引き継いどる。（＊1）

――私はあの辰島の爺ちゃんを背中に背負ってずっとトンネルの中を入りました。今から30年ほど前です。

畦地：辰島さんの父親というのは、腰の曲がった。

――あの人が爺ちゃんやったと思うけど、昭和55（1980）

（＊1）上辰巳町の辰島家は代々の東岩取入口水門番であった（「加賀 辰巳用水東岩隧道とその周辺（P.28-30 参照）」）。辰島千太郎は江戸末期（嘉永元（1848）年生-昭和4（1929）年没）に成長しており、江戸時代の辰巳用水を知る最後年頃です。

畦地：おお、あの頃は爺が元気やったさかい。

——それでも爺ちゃんの息子（市造さん）は畦地さんより歳下でなかったの？

畦地：なーん（いいや）、上や、上。わしより二つ上や。

——そうか。じゃあ30年前ならそんなもんか。辰島吉太郎さんではないですか。

畦地：おお、吉太郎、吉太郎さんや。

——私がおぶった頃は70以上、70、80くらいですか。それなら当っていますね。

畦地：うん。あの爺ちゃんはだいぶ前に亡くなっとるし、今のわしのいう親父（市造さん）ももう80いくつや。（聞取り時点から約4年が経過した。＊1参照）

の水門番であった。その孫にあたる吉太郎（明治38（1905）年生-平成10（1998）年没）は小学生のころから祖父千太郎の水門番作業や隧道内の江浚いを手伝い、東岩水門と隧道を守り続けた。その仕事は息子の辰島市造（昭和元（1926）年生-平成30（2018）年没）に引継がれ、現在では辰島家の親戚筋にあたる北忠男（第2-2（1）項参照）が水門番を引継いでいる。

8．2　辰巳用水土地改良区の特徴と運営の苦労

（注：8．2節）

(1) 土地改良区の運営と賦課金

――運営はどうしているんですか？ 普通は人数多いと総代を選んで総代会をしますが、総代を選んでいるのですか？

畦地：なん総会や。

――それでは全員出席で総会を開いているのですね。今、賦課金はどれくらいですか？

畦地：今でも坪言うとるけど、一坪（3・3㎡）で9円やわ。

――9円ですか。

畦地：昔はね金沢で最高やってんわ。高い。ところが今では最低の部類や。値上げせんし。他のところはまだまだ高い。

――今はどうですか？ まだ「高い、もっと安くしろ」とかはありますか？

畦地：いっぺん値上げしようと思ったら「米（の値段）が段々

（注：8．2節）金沢の寺津用水土地改良区、五郎兵衛用水土地改良区などの成立の背景が異なる他の土地改良区と比べながら、辰巳用水土地改良区の現在の苦労が語られる。

下がってくるのに、賦課金上げるんか」と文句出てんわ。

――それで、もう上げずじまいですか。

畦地：20町歩くらいやったら仮に坪10円にして1円上げるとね、6万ほどしか入ってこん。6万くらい入れたってたいしたことないげんて。辰巳用水（＊2）が高い高いと言われるのは寺津用水との比較があれん。辰巳用水の組合員であり、同時に寺津用水の組合員である人もたくさんおれん。寺津用水は3円ねん。

――坪3円？それは安いですね。

畦地：寺津用水は3円で辰巳用水は9円やから、3倍になるなんでいうたら、寺津用水はもしなんかあれば、市の企業局が直すげん。これは水道行く水やからそういう約束になっとる。ほやさけ寺津用水は全然金いらんげん。組合員はみなそれを知っとるもんで寺津用水に比べて高いっていうげん。他のところ知らんから。

――そういうことですね。

（＊2）8．2（1）は土地改良区の運営に関して論じている。「土地改良区」は組織を表す共通の用語なので、繰り返し登場する。煩雑さを避けるため、この項では「○○用水」と書けば「○○用水土地改良区」を表わしていると解釈する。

畦地：わしゃ総会のたびに言うとれん。「辰巳用水は今では高くないですよ」と。「どこにでも土地改良区に聞いてみてください」と。わしは視察へ行ったり、視察来たりしたら必ずそれ聞くげん。「あんたんとこ幾らになっとるんや」と。ほんとのこと言わんわ。

――なるほど。ものすごく高くとっているかもしれないし。

畦地：辰巳用水は特別賦課金というものを持っとらんげん。県単の補助とか市単も、国の補助金などは地元負担金掛かっとる。その分は特別賦課金というて別に取っとれん。一般予算と特別予算と。ほんで辰巳用水は特別徴収したことないわ、ということは大きな工事はちょっとできんわ。したら大変なことになる。今でも毎年140～150万円の工事をしとるけれども、それは農地転用の決済金や。

――転用決済金ですか。

畦地：ああ、あれで補填しとる。

――その150万円の工事というのは先日見てきたゲート、

樋口の工事のことですね。

畦地：あれでも百何十万や。

――あそこに行くまでは大変ですね、竹やぶ切って、機械入って……。

畦地：辰巳用水はほんとああいうとこばっかりやし高つくげんて。

――足場の悪いとこばかりですね。

畦地：まだトラックやら、車横付けできるなら、楽ねんけども。

――あれは史跡の指定区域に入ってますね。

畦地：ほうや、やっぱ文化財保護課にいうて許可申請出せばどうなったかやけど、一応年間150万円ほどの予算だけは市に毎年みてもろてやさかい。

――樋口の工事は横穴の底を切り取ってヒューム管を置いて、そして入り口に小さいゲートを付けてそしてまた埋め戻して、という感じですね。

畦地：ほうや。今年は文化庁の許可でやった大道割の森林組合駐車場の下のあこのトンネルが落盤したとこ、ほれは文化庁の補助で、一緒に文化財保護課が窓口で工事した。あれは地元負担無いんで、いくら掛かったか聞いとらん。

――トンネルの補修工事は高くつきますからね。

畦地：ほうや、文化庁のほうから予算もらえば地元に負担掛からんげん。

――そうですね。

畦地：ほやけども市の補助やと3割5分か4割かかってくる。あの水門は4割や。ほやし四十何万やったわ。

――なるほど。収入源をもっと考えないと。例えば辰巳用水を見学する人から、1回1000円ずつ入場料を取りますか。

畦地：そうやね、小学校の生徒からは取れんわね。

――生徒からは無理でしょうね。貴重なものを見る訳だから。校長先生に入場料をお願いすれば金沢市に伝わるのではないでしょうか。金沢市としては一生懸命辰巳用水をPRしてるわりには、厳しいですね。

畦地：そうやね。市からの補助はね、だいたい40万、50万円ほどか年間。これも市街化区域を流れる長さで、市街化区域の分に対してくれれん。それで鞍月用水と大野庄用水はでかいげん。

――そうしたらそうでないとこは一銭ももらえないのですね。

畦地：金沢の場合は市街化区域に含まれんとこはあんまりないわいね。少ないのは長坂用水、いや長坂用水もまだ結構ある。辰巳用水ほどかな。寺津用水も少ない。大野庄用水は何百万と持っとるやろ。

――維持管理はさっき言ったハードの面でいろいろ苦労あるけれど、お金の面と人手の面がまた大変ということですね。

畦地：ほうや。

――辰巳用水の場合は兼六園に水が入っているので維持管理費を補助してほしい、もっとほしいと言いたいけれど、兼六園へは末町から直接管路で行っていますね、今は。

畦地：そう辰巳用水の水を別ルートでもっていっとれんわね。

――そうですね。ということはやはり兼六園からたくさんお金が貰えるようになると良いですね。（＊3）

畦地：そうや。

――市は非灌漑期に、ほかの用水には、一応市がある程度半分管理してますというスタンスを取っているじゃないですか。辰巳用水の場合はそれはないのですか？

畦地：いや、一緒ねん。

――一緒ですか。

畦地：市が市街化区域として補助出して、市は何千万かの予算でそれから配分しとれん。市街化区域の長さとかそんなもんで補助出して、ほれがうちは50万円ほどや。

――用水のゴミ処理はやはり畦地さんが管理することになりますか。市は管理はしないのですか。

畦地：それは、土地改良区がせならん（しなければならない）のや。管理は。そんなんすりゃ長坂用水、鞍月用水、みんな市が管理しんなんね（しなければならないので）。

（＊3）兼六園との関係については、4．7節に記述がある。

——洪水を処理するという機能も、本来市だから、新しく水路を作るよりは排水路にしようと。

畦地：ほうやわ、そこの水はみんな用水に入っとる。

——そうですね。

畦地：雨水は用水の中にみんな入っとるよ。

(2) 限られた予算での苦労

——限られた予算で維持管理をしているため、節約や工夫が必要だと思いますが、具体的なものは何かありますか？

畦地：予算が少ないさかいに漏水防止工事とか小さい工事、小さい工事いうてもほんなもんちょっとさわれば100万円、200万円かかるさけ、困るということや。それと、今みたいに見学たくさんあるとね、役員の人ら全部無償で出てもらっとるんげんよね、あれ。ほやさけ少しぐらいの手当て出したいげんけどそれが出せんいうことや、予算が無くて。ものすご（とても）困れんて。ほいて役所にちょっこ（少し）補助金ないかいうたら、そんなもんは全然無いやろ。ほんと困れんてね。あと、余分の仕事が出てきたいうことや。昔は見学なんか無かった。そうやいうて（かといって）誰も役員が出なんだらとても見学させれんもん。

――小学生の総合学習には役所の人が教えたり、現場行って説明する。もちろん無償ですが。しかし、用水の事務所とか、民間であれば手間賃をとってもおかしくないのでは。

畦地：ほやさけ有料にせいとかなんとか言う人もおれんて。ほやけど有料にするいうたかって、今小学校の生徒の有料にする訳にいかんし、公民館やあんなの公で来るが（来るのを）有料にする訳にもいかん。そうかって5万も6万も取れるもんでもないし、いっぺんに5000円や1万円もったって（もらっても）ほんなもんは10ぺんあったかて10万円や。ほやけそんなもん取らんとくまい（取らないでおこう）ってなってしまうげんて。

――維持管理を他の機関にやってもらっている例がありますか

か。

畦地：奈良に白川溜池《しらかわためいけ》というでかい用水のダムがある（＊4）。そして、そのダム行く道路の管理を天理教がしとれん（している）。なんかダムが景色のいいところで。天理教が全部、道路整備全部。「ひのきしん」て書いた法被きた人が掃除しとる。

――全国から集まってやっているらしいですね。

畦地：わし、あこにおったから知っとれん。あこの今の天理市、丹波市町《たんばいちちょう》って言ったんや、昔は。（戦時中は疎開で）あこにしばらくおったことあれん。ほいで天理のことよう知っとれん。そんなとこもあるんやさかい、辰巳用水なんかも国の史跡にまでなっとるんやから、わしは市で管理しても別にあれやと思うんやけども、なかなかほんな訳に行かんがやと、他の用水もせんなんがになる（しなければならなくなる）ちゅうことで。

――まあ、史跡として有名な辰巳用水も法律上は農業用水ですからね。

畦地：ほんで我々は国の史跡になったら国からちょっこ（少し

（＊4）奈良県の白川溜池土地改良区連合の話である。白川溜池が天理市にある。

お金を）もらえるもんやと思っとった。ほんで縛りきつなってからに（それで決まりが厳しくなった上に）一銭も出んげんもん。文化財いうとこはほんと金もたんとこやわ。ほんでこの前、毎年市主催の辰巳用水探訪会があれんわね、見学会が。ほしたら人数も多いさかいに役員もたんと出てもって（多数出てもらって）ほんで全部準備すれんけど、癪《しゃく》やし「役員は無償でみんな出とれんぞ、予算見いまいや（見てもらえないか）」と言うたら、あん時6人か出とったな。ほんでどんだけかくれたわ、金沢市から。まだ、お金を取れるような団体は来ない。

——そうですか、お金持ちは来ない。寄付金を入れる大きな箱を置いておき、任意に頂くのはいかがですか。やはり、市など公共的なところから頂くのが一番良いでしょうか。

（3）**五郎兵衛用水の例**

畦地：このあいだ、（長野県佐久市にある）五郎兵衛用水土地改良区（＊5）へ行ってきたら、やっぱ昔の資料たんと（たくさん）あるし、記念館の館長が喋り続けれん、すごいもんや。五郎兵衛用水は市川五郎兵衛とかいう人が作ってんね、だいたい辰巳用水とよう似たようなあれねんけど。人物の名前がいっぱい出てきても、こっちはなんも分からんがや。結局、2時間ほど喋ってくれた、1時間の予定が。ほして加賀藩とやっぱり上田藩ちゅうがか、あこは縁があるげんて、話から。

——それは五郎兵衛用水に惚れ込まなければ喋れませんね。

畦地：けど、あこはあんだけの資料、3万点か4万点ある。あんだけあったけど、けなるいわ（うらやましいわ）。辰巳用水土地改良区などほとんどない。

——五郎兵衛記念館は料金徴収などの問題はないのですか？

畦地：五郎兵衛記念館は金取っとる様子なかったな、無料やわ。ほして現地は見るとこないげんわ。どっか現地見るとこないがか聞いたら、ありません言うたわ。（＊6）

畦地：そして五郎兵衛用水の見どころは、こっちの高いところから向こうの高いところへ水を通すのに盛土した水路でずっと

（＊5）五郎兵衛用水
　長野県佐久市（旧浅科村）の水田開発のために市川五郎兵衛真親が築いた灌漑用水。寛永3年（1626）に着手、同8年（1631）に完成し、用水の全延長は約22㎞におよぶ。五郎兵衛記念館には用水普請などに関わる古文書が数万点収蔵され、その一部が展示されている。

（＊6）五郎兵衛用水の上流・中流部は昭和30年代に改修され、旧来の水路は使われていない。下流部の盛土水路は築堰（つきせぎ）といい、現在も使用されている

持って行ってんけど、昔はセメントやなくて、泥や粘土で固めてたのが崩れては苦労したらしい。今はコンクリートの水路になっとるそうやけど。

――その箇所の用水は今も使っている様子ですか?

畦地:そうそう。使うとれん。現地は見とらんけど、写真やパンフレットあった。あこは四百何十町歩流域面積あっさけね。ほして賦課金が反あたり5500円やと、ほんだら辰巳用水はね2700円や。半分くらいや。

第9章　板屋神社のお祭りなど

第9章　板屋《いたや》神社のお祭りなど

9．1　板屋神社のお祭（注：9．1節）

――この土曜日（平成26（2014）年10月18日）に板屋神社の秋祭りがあるということで、日程、場所、どんな内容かを教えてください。まなぶ会としてもできるだけ参加したいと思っております。

畦地：場所は、上辰巳では「ノゾキ（覗き）」と言っているところ。

――北陸電力の変電所との中間くらいですか。

畦地：うん。あそこにちょっと目立たんけど鳥居が立っとるんや。変電所へ上がる道が途中でついた（できた）もんで、ちょっと分かりにくいんやが、変電所へ上がる道路を進むと左側に鳥居が立っとれん（立っている）。変電所に行く道が参道を二つ

（注：9．1節）板屋神社の設立は大変新しい。上辰巳町の板屋神社での春祭りと秋祭りの様子が描かれる。

に割ってしもたがや。

――いつも何人くらい集まっておられるのですか。

畦地：20人ほどかな。

――それは土地改良区の方ばかりですか。

畦地：いや、ほかの一般の人もおいでる（来られる）。

――そこに参列するのは自由ですね。

畦地：自由、誰でもいい。始まるのは11時からや。

――11時ですか、駐車場はありますか。

畦地：車は変電所へ行く道に置いとくんや。

――わかりました。それではまなぶ会でも参加募集しますので。

畦地：いつもやとお参りにおいでた人には二合瓶（日本酒）と弁当をあげとれんわ（あげている）。ただそれはヤマ勘で注文してあるんで何人おいでるか全然分からん。雲をつかむようなもんや。案内は50人くらい出しとるんやけど、20人ほどしかおいでん（来ない）。あとは役員の連中もおるし、だいたい弁当は30ほど頼んであるんや。皆さんおいでるとまた足らんし。

――そういうことをするのですか。

畦地：ご神前にお供えというか、御神酒やわね。二合瓶と芝寿し（金沢の寿司弁当メーカー）の折を一つずつ、参った人にはあげとるわけねん。

――出費ですね。

畦地：秋祭り（毎年10月18日）は山（板屋神社）だけでしとるげんわ。春祭り（毎年4月18日）は山で午前中お祭りして、午後は金沢神社に遥拝所があるさかいあそこでまたお祭りすれんわ。（＊1、図9．1-1および9．1-2参照）

――午後は金沢神社ですか。

畦地：金沢神社でお祭りすると、組合員の人から初穂料というお金もろうがやけど（貰うんだけど）、それでも赤字になれん（なる）。ところが上のほう（上辰巳の板屋神社）とちゃんぽんにするとどっこいどっこいになる。下（金沢神社）では山よりもっといい折をつけて、社務所のとこで直会《なおらい》すれん（する）。

（＊1）春と秋の例大祭は昭和42（1967）年から行われており、18日という日は、辰巳用水に初めて水を流した日であると言われている。

図9．1-1　お祭りの様子（上辰巳）

それにだいたい25、6人、30人ほど。春は30人ほどして一杯飲むわけや。

――たとえば私が持って行くとしたら、どんな名目ですか。

畦地：玉串料や。

――ある会員はお神酒持って行こうかなと言っていました。

畦地：酒でかいこと（たくさん）あれんて。

――なら初穂料の方がいいですね。正直なところ。

畦地：お供えは、金沢神社へみんな持って行くんやけど、金沢神社はほんないらん（そんなに多くいらない）っていうげんて。ほやけ役員が朝早く出て草刈りから掃除から全部するさかいに、役員の人に一本ずつやれん（あげる）。お下がりとして。そして余ったのを金沢神社へまた持って行っとれんわ（持って行っている）。

――結構集まりますね、お酒は。

畦地：酒は30本くらい。金沢神社の神主が来てあこ（上辰巳の板屋神社）でお祭りして、一応神事として祝詞《のりと》あげて、玉串奉《ほう》

図9. 1-2　金沢神社の境内にある遙拝所

奠《てん》して。あとは一杯飲まんかと。しかし、みんな車で来るやろ、山やから。

――そうですね。

畦地：昔はあこで飲んどったんやけど、今は全然飲まん替わりに二合瓶つけて。

――弁当代もありますね。玉串料ってどれくらいですか。

畦地：そりゃあ1万円の人もおるし、5000円の人もおるし。3000円の人もおるし、いろいろや。そんなに集まらんて。5、6人や持っておいでる（持ってくる）のは。参って折もって（もらって）帰る人が大方や。

――まなぶ会でまた相談します。ところで、今年（2015年）春の例大祭と直会に集まった人といったら、政治家もいるのですか、あるいは辰巳用水に関係する人ばかりですか？

畦地：ほうや（両方いる）。

――上辰巳の板屋神社では畦地さんが玉串奉奠で名前を呼んでいたから誰が来ていたか大体分かりましたが、あそこ（金沢神社）ではほかに我々みたいな団体は来ていないのですか？
畦地：ほんな人はおらん。
――生産組合の人が多かったですね。
畦地：出欠とってないがやさけ（ないので）誰が来るや分からん。
――それでどうなんですか？　数は足りたのですか？
畦地：あった。
――みなさん、一人一人玉串奉奠をされましたね。金沢市長をはじめ。

9．2　板屋神社（上辰巳）の建設経緯と現在（注：9．2節）

（注：9．2節）板屋兵四郎を祀る奉賛会の活動から始まり、現在の板屋神社に至る経緯が描かれる。

――上辰巳の板屋神社の生い立ちと土地改良区との関係を教えてください。
畦地：最初は弁護士の重山徳好《しげやまとくこ》さんが板屋兵四郎《へいしろう》を祀るのに奉

賛会を作って、ものすごい壮大な計画を建てておってんわ（＊2）。明治神宮みたいなのをどこかに建てたいということで、（重山さんは浅川の人だから）浅川の山を見て歩いた。ほしたら板屋神社を建てるという話が出たときに、あこの袋（袋板屋町）の八幡社がだいぶ傷んどってん。ほしたら、袋の人らじゃ（人たち）、この機会にあのお宮さんを直して板屋神社にしようというような話になったらしい。しかし、重山さんはでかいもんを別に建てるということになったので（＊3）、袋の人らとは足並みがちごうて（違って）きた訳や。

ほんで、重山さんは全国から募金集めて、ものすごいげん、全国回って募金集めて、事務所を兼六園内の寄観亭に置いて、会長は重山さんであとに郷土史家みたいな人が集まったわ。今はほとんど亡くなったんでねえかな。どんな計画やとか役員会やとか、なんもせんげんし（役員会も何もしない）、ほしたら我々は「あんなもんと一緒になっとっても」というがになってん。ほたら（そしたら）、前に募金集めたのがあるから、ほん

（＊2）板屋兵四郎を単独に祀る神社建設の運動が起きたのは昭和30（1955）年であった。政治力を背景に奉賛会を組織し、募金に当たった。そのキャッチフレーズに〝石川県の生んだ土木の先駆者〟、〝土木の守護神〟と称えた。辰巳用水土地改良区による辰巳講は奉賛会とは異なる（＊4参照）。

（＊3）兵四郎を顕彰する神社を建てるとともに、地域の開発と観光との両面を考慮したという。よって鎮座地として湯涌温泉をひかえた袋の大袋地内の一万坪を候補地とした。

でなんか建てんなんということで（奉賛会が）建てたのが今の（上辰巳の）板屋神社の元や。（＊4）

あの地面（土地）っていうたら、犀川の小島さんという郵便局しとった人の山や。「わし（小島さん）はほんならあこ寄付する」言うて、重山さんはあこに言い訳的に、小さいお地蔵さんみたいな祠《ほこら》を持ち込んだんや。拝殿の中に小さな神殿みたいに入っているあれがほうや。ほいで、建てたっきりでほってあってん（放置してあった）。雨ざらしで。ほしたら瀬戸建設のじいちゃんがこれじゃもったいないということで、トタンの掘っ立て小屋建てたんや（図9．2－1参照）。ほんな時代もあったんや。

ほたらこれじゃあんまりみすぼらしいし、というので辰巳用水土地改良区が音頭をとって辰巳講を作ったんや（＊5）。地元の土建組合のようなとこから募金集めて、組合員からも寄付を集めた。そのおかげで今のあれ建てたんや。ほうなったらこっちでお祭りしようとなって、昭和43（1968）年から辰巳用

（＊4）ここまでは重山徳好氏を中心とした奉賛会の活動で、昭和32（1957）年に宗教法人の承認を得た（＊1～3は『加賀辰巳用水』第四部による）。

（＊5）ここからが辰巳講としての活動であり、畦地さんをはじめ有志による辰巳講を組織して神社の維持に当たり、昭和43（1968）年に拝殿を新築した。

水土地改良区がお祭りしとる。兼六園の中の遥拝所、あれもほん時に建てた（図9.2-2及び＊6参照）。（奉賛会の活動時代は）会計報告もないから、どんだけ集まったか知らん。

――板屋神社は、神主さんも誰も居ないのですか？ 神主さん。神官というのか。

畦地：始めは藤棚神社や。あこの神主がしとってん。奉賛会が建てた板屋神社ができた当時から、要するに重山徳好さんの時代、けどもいつの間にか別の宮司さんになってきてん。辰巳講を立ち上げた時はもうその宮司さんやった。

――今はどうですか。

畦地：今は金沢神社の神主が務めておる。（＊6）

――わかりました。板屋神社にまつわる話で「これは話しておかなければ」というものがあったら話してもらいたいのですが。

畦地：そうやね、まあ板屋神社はほんながで（そういうことなので）、建てたは建てたけど氏子もおらんやろ。ほんで維持管理は大変苦労しとるげん。

（＊6）板屋神社遥拝所（図9.2-2参照）は金沢神社の一角にある。兼六園は辰巳用水の水に支えられているので、兼六園の鎮守として知られる金沢神社が遙拝所と板屋神社宮司を引き受けているのは妥当であろう。（金沢神社厚見宮司談）

図9．2-1　お地蔵さんを祀った小さな祠をトタン屋根で覆った時代
（出典：金沢神社社報）

図9．2-2　辰巳講が建立した板屋神社遥拝所（＊6）で、昭和45（1970）年3月に奉納謡曲会を催した記念写真
（写真提供：金沢神社社報、畦地さんは左より3人目）

9．3　袋地区の板屋神社―八幡神社からの流れ

（注：9．3節）

――袋板屋の板屋神社と辰巳用水土地改良区とはどのような関係がありますか？

畦地：ない。袋板屋とは関係ない。

――お祭りなどもまったく関係ない訳ですか？

畦地：ほうや。あこで板屋の踊りかなんかするっちゅうて案内は来るけれども、初めのあいだ（踊りを始めた頃）は（袋板屋の）お宮さんのことにあれやこれやいうのもなんやし、花持って踊り行って（踊りにも参加し）、すぐ帰ってきとったんやけど。最近はこっちも予算的に厳しいから出しとれんし、あっち（袋板屋）は（上辰巳の）お祭りやいうてもなんもない（何もしない）し、一昨年、去年あたりは持ってかんがにしたんや。

――そうすると袋板屋の建物というか神社はもっと昔からあったのですか？

（注：9．3節）袋板屋町に八幡板屋神社がある。村の鎮守であった八幡神社と板屋兵四郎とがどのように繋げられたかが描かれる。また、辰巳用水の作業唄が編曲され、兵四郎節としてこの地区の人々によって唄い、踊られている。畦地さんからは複雑な心境が漏れてくる。

畦地：あった。八幡さんやさかい、村の鎮守やもん。

――ああそういうことですか。すると名前はあえてそのように変えたのですか?

畦地：ほうや。正式には八幡板屋神社か。板屋を付けてんちゃ。（＊7）

――いろいろな伝承があって、板屋を後付けしたという訳ですね。（＊8）辰巳用水と関係があるものとばかり思っていました。

畦地：向こうも板屋の祭りはしとる訳や。これも本当かどうかは分からんげんけど、絵馬があるやろ、あれもいつ作ったもんか知らんけども、トンネル掘っとる人らのそういう絵馬がある、誰があげたんか。それともう一つは境内の中に石管があるが、それとは別にご神体みたいなものがどっかに埋まっとるらしいげん。それは何か分からんげん。あの人らは板屋兵四郎のなんかやと言うとるけど分からんがや。（＊8）

――今は誰がお守りしているのですか。

畦地：在所や。兵四郎節かなんかの踊りしとるわね。毎年盆・

（＊7）袋板屋町はもともと袋村と称し、昭和32（1957）年に金沢市に編入の時に袋板屋町と称し、神社名も八幡神社を改めて八幡板屋神社と称した。なお、袋地区は八幡神社を無視して新しい板屋神社を建立することに批判的であったことから、奉賛会とは早くから縁を断っている。

（＊8）辰巳用水工事中に、袋地内の大袋（現在の袋板屋集落の対岸、浅野川の左岸に展開する平坦地であり、もとはここに袋村があったと伝えられている）に工事関係者の小屋が設営され、兵四郎もここで過ごして村民と親交をむすんだといわれる。（注：7、8は『加賀辰巳用水』第四部による）

秋祭・運動会で歌い踊っとるがな。昔の辰巳用水の作業唄を元にしたものなんやけど、その作業唄をうとた（歌った）のが辰巳用水の水門番しとった辰島吉太郎さん、今の親父（市造さん）やないぞ前の爺さんがうとてん（歌ったのです）。それを録音したのがここ（辰巳用水土地改良区）にあれん。あの人あっち行ってうととってん（歌っていた）。呼ばれたもんやさけ。

――なるほど、どちらが本家か分家か分からないようになったということですね。

畦地：それが元になって兵四郎節いうもんになっとる。ほやけど辰島さんの元歌はおはら節みたいよ。結構おはら節に似とる。

――なるほど。それ（辰島さんの歌った録音テープ）はあるなら保管しておいてください。こういう詳しい話は初めて聞きました。

畦地：テープはあるわ。ほやけど詳しいことは皆知らんわ。

――そうですか。袋板屋町会では辰島さんの元歌を編曲し、踊りもつけて新民謡として再編成した、ということですね。

第10章　畦地さんの思い出の中の爺《じじ》

第10章　畦地さんの思い出の中の爺《じじ》

10・1　大阪から戻った頃（注：10・1節）

（注：10・1節）畦地さんの出身地の話、第二次世界大戦末期に金沢に戻ってからの引越しの話が語られる。

――畦地さんは生まれは金沢の笠舞町で、もともとの出は松任（現白山市）と聞きました。畦地さんの家が本家ですか？

畦地：ほうや、うちが本家や。松任行くと墓参りに寄れんけど（寄るのだが）、今の松任の人は、「おい母屋のあんさん（長男）来たぞ」と。

――そうすると泉野へ移ったのはもっと後ですね？

畦地：大阪から帰って、お袋の兄貴の家に同居しとった。ほうしたら、お袋が笠舞の金沢市役所出張所に勤めとって、ほいて出張所が小立野へ上がってん（出張所が笠舞より標高が高い小立野台地にあるから上の方に移った、という意味）。昭和27（1952）年かな。上がったら当直があるやろ、ほしたら当直がもとでおまえら中入らんか（住み込みの意味）と、あこは部屋もあったし、住み込みみたいにして入っててん。ほしたら昭和27（1952）年に土地改良区になって、出張所が廃止になったんや（＊1）。そうなったら行くとこ無いげん。ほいで所長のとこいって「どっか行くとこ作ってくれって」ヤンチャまいたら（文句言ったら）、（泉野の）市営住宅に優先して入れてくれてん。その市営住宅が払い下げになって、そしてそこにわしは家を建ててん。いろいろあるげん。

（＊1）事務所の移転場所については、4．5節に説明がある。

10．2　母方の祖父（注：10．2節）

畦地：うちの爺《じじ》は県庁勤めで、知事でも一目おいとった豪傑やった。

——それは父方の？

畦地：おお、それは母のほうや。母のほうは士族やし、父親のほうは百姓や、名前のとおり。畦地やから。母親のほうは「数《かず》

（注：節10．2）母方の祖父とその家系が描かれる。

枝《え》」っていう。ほやけど中村いうのがほんとやったらしい。野田山にある先祖の古い墓にはどれも「中村」って書いてある。
（章末【補足：數枝鐵吉について】参照）

――母方の祖父が県庁にいた？

畦地：おお、県庁におってん。侍やってん、昔は。數枝かなんか、ほんな名前ねんわ。野田山の中村の墓に、細かいがに書いてあれんて。なんやら、なんやらに武勲をたて、なんとかかんとか書いてあれんて。それが分からんげん。誰かに読んでもらわな分からんげん。（補足2．参照）

――お墓の文字は一度拓本にしてとっておかないと。

畦地：ほうや。けどほとんどいまだ數枝って家そのものが、うちのお袋の里や。うちのお袋の兄弟は男がたくさんおって、お袋は末娘やった。

10．3　鐵吉のエピソード（注：10．3節）

――畦地さんのお父さんが亡くなったのは何年何月ってわかります？

畦地：父親は昭和18（1943）年12月26日に、42で亡くなった。わしが14のときや。その時分はまだ大阪におった。

――畦地さんの母方のお祖父さんと子供の頃ウナギを取りにいったんですよね。そのお爺さんが県庁に勤めていたのはいつ頃だったんですか？

畦地：県庁の古い本になんか名前でとるちゅう話しやわ。「数枝鐵吉《てつきち》」ちゅうがや。テツキチのテツは旧字の鉄（鐵）や。

――おそろしい名前ですね。

畦地：知事も一目おいとったちゅうげん。うちの爺はものすごい頑固もんで、県庁では有名だったんや。あの県庁の前にあるシイノキ（図10．3－1及び図10．3－2参照）も県庁の前に植えるちゅうがと、後ろに植えるちゅうのがあってん。結局爺が言うたのが

（注：10．3節）畦地さんの母方祖父の豪傑ぶりが描かれる。

勝って、前になったんや。今となってはよかったちゅう話しや。

――それは誰に聞いた話ですか。

畦地：ほんな話しも、お袋の兄弟から聞いた。ああ、なんせあの時分県庁やいうたかてなんか人数も少なかったやろうし、とにかく頑固親父やったと、県庁の本かなんかに出とるちゅうげん。（＊2）

補足【數枝鐵吉について】
殿様用水だった時代の辰巳用水で手を洗うと叱られたと教えられたこと（2章）、広坂の用水路へウナギを捕りに連れていかれたこと（5章）、など、畦地さんが子供の頃の辰巳用水に関わる爺との思い出が幾つか語られているが、この爺こそが母方の祖父である數枝鐵吉（1855 - 1941）である。數枝家の系譜については、畦地さんの従弟にあたる數枝春雄さんがまとめた家系図があるので、その概要を次に示す。

図10．3-1　旧県庁前のシイノキ

初代　數枝掃部允《かもんのじょう》―（その後、中村）―八代　中村八郎輝景―九代　中村七郎正道（數枝正道）―

十代　鐵吉―千代子―畦地實

数枝春雄さんが作成したのは鐵吉の父親である數枝正道（1824？－1880）からの家系図であったので、それ以前の系譜は『先祖由緒并一類附帳（數枝正道）』（金沢市立玉川図書館近世史料館蔵）に拠った。この家系図から判ることは、藩政期時代の苗字は「中村」だが、明治以降は初代の先祖と同じ「數（数）枝」に改名していることであり、野田山墓地にある古い墓が「中村」であったことと一致する。なお、武勲が刻まれているという墓石は鐵吉の祖父である輝景の墓であり、輝景は御大工頭60俵取り、正道は御大工50俵取り（金沢城や藩主の菩提寺の普請）で、共に加賀藩士だった。よって畦地さんの母親の家系が士族であったことは間違いない。

（＊2）數枝鐵吉が登場する資料：『石川県史』『石川百年史』『石川県議会史』『金沢市史』（いずれも盈進社に襲撃された時の話である）

図10．補-1　84歳頃の數枝鐵吉（数枝春雄氏提供）

一方で鐵吉が県庁に勤めていたという話については、明治期の県職員録を確認したが名前を見つけることができなかった。一方で『石川県史』第4編には「數枝鐵吉の危禍」として、明治20（1887）年に盈進社《えいしんしゃ》（士族による政治結社）に襲われ重傷を負った話が紹介されていることから、盈進社対策の用心棒として県に雇われていたとも考えられよう。旧県庁前のシイノキの話についても、経緯を記した資料が無いのだが、県庁は明治13（1880）年に美川から金沢に移転しており、この時にシイノキをどこに移植するかで揉めたのであろう。このシイノキはそれまでは仙石町（現在の四高公園）にあり、加賀騒動の悪役とされる大槻伝蔵の屋敷にあったとされているので、移植にあたって大槻伝蔵の祟りを恐れる声があったのかもしれないが、真偽は不明である。

図10.3-2　明治13(1880)年の広坂通の県庁(『20世紀の照像』能登印刷出版部)

特別収録

山出・畦地対談のまとめ

山出・畦地対談のまとめ

1. 対談の目的

この対談は「辰巳用水にまなぶ会（以下、「まなぶ会」と略記する）」が企画したものである（＊1）。お招きしたのは、歴史に責任を持つまちとして、金沢を文化都市に育てた前金沢市長の山出保さんと、辰巳用水の管理に一生を捧げている畦地實さんであり、お二人から辰巳用水に関する話や思いをお聞きし、それを「まなぶ会」の今後の活動において参考にさせて頂きたいと考えた。それに加えて、この対談から得られる多くの示唆を、金沢市と辰巳用水に関わる地域の人々が辰巳用水をより大事にすることに役立てたいとの目的で対談に出席して頂いた。対談においては「まなぶ会」代表の玉井信行がコーディネーターを務めた。（＊2）

（＊1）対談を実施した日は平成27（2015）年11月18日であり、場所は石川県中小企業団体中央会会長室（石川県地場産業振興センター新館）である。

2．山出さんが考える辰巳用水とは

最初に山出さんから、辰巳用水に対するお考えをお聞きした。
（1）歴史遺産としての意味：約380年前の寛永9（1632）年、三代藩主利常のとき、辰巳用水が造られた。玉川上水などと並ぶ日本4大用水の一つであり、平成22（2010）年国史跡の指定を受けている。犀川から取水して浅野川へ排水し、その過程で惣構え堀を形成している。
（2）学術性：逆サイフォンの原理を使って兼六園から城内へ導水していることや、隧道にはツルハシの跡やかわらけを置く灯り取りが残り、測量・土木技術の高さには目を見張るものがある。
（3）機能面：農業用水や生活用水として、また動力源として黒色火薬を作ったり、粉を挽いたり、油を搾ったり、と多面的に使用されている。また防火用や雪捨て場のほか、石段で用水へ降りていく川処《こうど》はコミュニティ空間としての役割も果たした。
（4）まちづくり：文化的景観の構成要素で、用水での友禅流

（＊2）NPO法人辰巳用水にまなぶ会が「山出・畦地対談」として、研究報告書に記載している。その内容は本書に深く関係しており、辰巳用水の多くの側面を示すものであるので、関係者の承諾も得て特別収録することになった（研究課題名：国指定史跡辰巳用水から学び、持続させ、まちの活性化に資するためのモデル構築、報告書名：第20回「北陸地域の活性化」に関する研究助成報告書、第5章10節、P.113－118、平成28年3月）。
※本書では字句を一部変更している。

しや露地の泉水、茶室や茶事でも用水を使っている。兼六園や金沢城内の玉泉院丸庭園でも辰巳用水の水が巡っている。金沢は歴史と用水のまちであり、55本の、延長150㎞の用水がまちづくりに関わってきた。

（5）思索の舞台：哲学や文学、芸術、学術の達人が、すなわち泉鏡花、徳田秋聲、大樋長左衛門らが若き日に浅野川や用水の周辺で、木村栄《ひさし》、鈴木大拙、松田権六、谷口吉郎、室生犀星、蓮田修吾郎らが若き日に犀川や用水の周辺で思索し、それぞれの分野で大輪の花を咲かせた。

（6）金沢市などの用水への取り組み：平成8（1996）年、市は用水保全条例を制定。21本の用水を指定し、助成制度を設けた。長坂用水などが国の史跡に指定されることを期待している。

3．汚れた用水からきれいな用水へ

畦地さんの夢の一つは流れる辰巳用水をきれいにすることで

左からコーディネーターの玉井、山出氏、畦地氏

ある。そのための苦労はいとわなかった。1960年代から土地区画整理ができて住宅が建つと、当然家庭排水が出てくる。その頃、石引町辺りへ行くと「ドブ川」って言われた。「こんなドブ川あっさけ我々こんな橋かけて入らんなん」と。犀川が涸れると、水が流れて来ないので汚れた。昭和50（1975）年頃から下水道が普及して少しきれいになった。しかし、犀川の渇水と増水により用水の隧道は乾いたり、濡れたりして、段々とえぐれた。今は上寺津ダム補給ゲートの設置や犀川ダムで確保された河川維持流量のおかげで年中水が流れ、水はきれいになった。しかし今でも人為的に、あるいは勝手にゴミが用水に入っている、と畦地さんは嘆いている。

4．これからの用水の管理は誰がするべきか

市は辰巳用水を国の史跡として申請した。一方、兼六園と金沢城は石川県が管理をしている。兼六園から金沢城へ入る、辰

巳用水の終末に近いところには逆サイフォンがあるが、兼六園側はあまり積極的に説明板などで取り上げておらず、辰巳用水に気を使う割合が少し小さいと感じる。逆サイフォンの取り入れ口辺りの管理をもう少し県で考えてくれれば、と畦地さん。

逆サイフォンの部分では、市と県の管理がいわば重なっているが、対応は分かれている。今後どんなことを考えていった方がよいのか、と玉井が疑問を投げかけた。

ところで辰巳用水組合の会員数がかなり減っており、あと20年位で非常に少数になる可能性がある。「今でも用水組合の力では隧道の中の修理ができない。行政が目を開かなきゃならない時期に来ていると思う。一方で、史跡に指定されたために、木一本切るにしても全部文化庁の許可が要る」と畦地さんは言う。

山出さんは言う。確かに用水組合が管理をすることは難しくなってきた。しかしいくら農地がなくなったと言っても畑は少しは残る。辰巳用水は国も県も市も用水組合も関係するから、多面的な用水の機能から言うと、国も県も市も無関心ではおれまい。さらに用水は、ほとりを歩いて心地よいということだけでなしに、コミュニティの醸成とも不即不離である。これからも用水と市民との関わりをずっとつなげておきたいという気持ちがある。国、県、市だけでなく市民も関わりを持つという視点も忘れていけない。一つの大きいグループをそろそろ国が作らないといけない時期に来ている。そして国がこの問題について基本的に考えをまとめるべきである。

畦地さんの夢の一つは、辰巳用水の日を設けて、その日の兼六園の入場料を管理に使うことである。玉井は「県だけではなくて辰巳用水に関係するいろんな人が声をあげると、そういったことも少し前に進むのではないか。今は辰巳用水の一体性を高めるという気運が、上流の部分と最下流の部分の交流がちょっとお留守になっているような気がする」と話した。また「金沢市は関連の委員会を持っている。国の史跡であるという背景のもとで具体的な管理計画は市に委託されている。委員会には当然国の関係者や県の方もいるで、関係者はそろっている。

例えばそこで議論ができるのではないか」と提案した。これからの辰巳用水の管理者については、国指定の史跡であるから、国からの手厚い支援を働きかけつつ、当面は県、市、用水組合、市民らが糾合して、一つのシステムを作るときに来ている。

史跡に指定されたからと言って、自然の中にあるものを指定された時点の姿のままに保つというのはすごく大変である。情勢が変わってくるのであるから、変わった情勢に合わせて国のシステムも変えていかなきゃいけないし、それが運用である、と山出さんは言う。

「辰巳用水にまなぶ会」にも地質とか、構造物の特性とかを知っている者がいるから、自然の摂理として変わっていくものを、人間が一生懸命抑えて変わらないようにすることがどこまでできるか、という議論を少ししている。みなさんに管理の問題に気づいてもらうために、学術的な面から辰巳用水の謎や技術レベルの高さを明らかにする活動もしている、と「まなぶ会」の現状を玉井が紹介した。学理を究めるというのはその素晴らしさを発掘・発見することに繋がり、魅力が増す。世の中が変わっている、魅力が増していることから、国、県、市みんなが糾合して一つのシステムを作るという話しをするときが来ている、との結論に達した。

5. 学理的課題の一例—逆サイフォン

国、県、市、用水組合、市民の結節地点になりうるのが逆サイフォン。山出さんは「用水が逆サイフォンで城へ入って行った跡は残っているのか」と聞かれた。逆サイフォンそのものは残っていないが、今でも霞が池から寄観亭のところに石管が入っている、と畦地さん。畦地さんはさらに「逆サイフォンを復活して、お城へ水を入れたいと思っている」と言う。玉井は以下のように言った。逆サイフォンにおいて、本当にどれだけの水位差を利用したかについては、いくつかの説がある。玉川上水も大名屋敷で逆サイフォンを使っている例はあるが、水位差は小さく（＊3）辰

（＊3）阿波徳島藩の上屋敷の例が、東京水道歴史館に展示されている。

巳用水の方が規模が大きい。元の形は、堀があってそこの一部に土の堤が作られていて、その中に管が埋められていたと想像されている。形をどの程度まで復元するのか、あるいは水をどの程度入れるのかも含めて、復元することは非常に難しいが、面白い課題である。

6. 辰巳用水資料館の建設を

畦地さんの夢で聞いているあと一つは資料館。しかし資料が少ない。山出さんは「収集はたとえば金沢市でもいいし県でもいいし図書館の小さいコーナーを作るとか、そういうところからスタートしてはどうか」と提案する。

資料に関して言うと、明治9（1876）年の絵図に基づいて他の絵図も参考にしつつ、辰巳用水の管理道路の特定とか復元、絵図との検証をやっている、と玉井がまなぶ会の活動の一つを紹介した。

「水路の管も資料の一つである。管路には木管と石管がある。ああいうのも一箇所に集めるとよい。用水を作ったときの斧とか、つるはしもあるのか」と山出さん。トンネルの狭い中で振り回すので、大きなものは使えない。そんなものはあるけれども。しかし何百年前の物かどうかはちょっと特定しにくいし、実際に使ったものかは分からない、と畦地さんが答えた。

7．将来の利活用

涌波あたりの辰巳用水には遊歩道ができている。そこに、もっと市民に集まってもらうとか、市民に目を向けてもらうとかを考えたい。たとえば蛍が飛ぶ環境にするという手もある。また、辰巳用水は対岸から見通して、水路の主要地点を設定したという推測もある（＊4）。そこで江戸時代に辰巳用水を作った測量技術を体験できるようなイベントを催すことについて、少し議論している、と玉井が話す。これについて畦地さんは

（＊4）「加賀辰巳用水」P．369

「遊歩道をつけていただいたときに、どこかにベンチを置いて照明をつければどうかという話があったが、アベックの巣になるので灯りはつけないことにした。また周辺の方々から明るくなりすぎて困るというような意見もあった」と言われた。山出さんは「難しい話で、慎重に検討しないといけない」と言われた。さらに、「あの遊歩道は散策するのによいので、あの雰囲気を壊すようなことはしたらダメである。歴史と自然を大切にして、しかもあくまでも学理を極めるという、学びの場という視点に立つのがよい。テントを張って、お好み焼きを焼いて配るような雰囲気の催し物をやるとか、お祭り騒ぎをするのであれば、反対である。提灯はよいとして、ライトアップしたら終わりやと思う。蛍がいなくなるよ」と言われた。

畦地さんは「辰巳用水は昔みたいに「ウグイ」でも「アユ」でもおるような用水になって、子どもが中へ入って魚を追っかけて歩けるようなそんな用水にしたいと思うわ」と言われた。山出さんも「ほとりを歩いて水が見えてきれいだということだけでなしに、コミュニティ空間の再生というものを意識して遊歩道を造った。これは大事にしたい」と。

8. 辰巳用水にまなぶ会への期待

金沢の人は約４００年前から伝統を非常に大事にし、それを生活の中に取り入れている。辰巳用水も、現在も生きて活用されているという点では大変重要な文化遺産である。昔の人は辰巳用水を御上水《ごじょうすい》とか殿様用水とか言って大事にしてきたので、今もほぼ昔のままで残っていることを知った。辰巳用水が市あるいは市民の中で今後どう生きていくのかを、その将来を、我々のグループは辰巳用水に学びながら考えていきたいと思っている。

お二人に貴重な時間をとっていただき、これからの我々の活動に大変参考になるお話を伺うことができた。厚く御礼申し上げる次第である。

おわりに

おわりに

この度の畦地實氏への聞き取りは6回にわたり行われ、参加した会員の氏名は以下の通りである（五十音順、敬称略）。安達忍、池本敏和、大深伸尚、北浦勝、嶋田秀平、玉井信行、中村兼司、馬場先恵子、東出孝良、森丈久、柳井清治、山本光利、弥村育弘。このうち山本光利と嶋田秀平はすべての聞き取りに参加している。

聞き取りの会への参加者は、随時各自の質問を畦地さんに行っている。しかしながら、異なる出席者が畦地さんとのやりとりを繰り返した後に、確認の形で山本が金沢弁で畦地さんに質問する場面も多かった。したがって、本書における代表的な質問者は山本と考えてよい。

また、編集作業を何度か繰り返す内に疑問が出たり、関連事項の新しい調査結果が得られた時には、畦地さんに内容を確認する必要が再三出てきた。こうした段階では藤堂治彦も加わり、確認のために畦地さんに何度か追加の聞き取りを行った。こうした改良を経た最終結果を聞き取りの成果としている。

聞き取りの大半は辰巳用水土地改良区の事務室において行われた。部屋の使用を快諾して頂いたり、トンネル見学会での詳しい説明、水門の説明など、まなぶ会の会員が辰巳用水をより詳しく知るために色々と協力を頂いたことに対し、辰巳用水土地改良区にお礼を申し上げる。

校正の段階ではまなぶ会の中に16名から成る「校正作業チーム」を編成し、本文の校正、金沢弁の説明、地図の作成など種々の作業に当たった。新しく作業チームに加わった会員は、青山雅幸、岡田稔、大脇豊、小坂健一郎、今度充之、田中宏明、林昭一、古一之の8名である。初校の段階での原稿の削除と追加への対応や、読者に分かりやすい言い回しへの示唆など、能登印刷メディアコンテンツ編集部の高岸丈弥さんには大変お世話になったことにお礼を申し上げる。

下部の写真は、辰巳用水遊歩道の自然に魅かれ、季節の移ろいをカメラに収めてきたまなぶ会の会員が、令和元（2019）年6月23日夜

涌波遊歩道沿いの辰巳用水で乱舞するホタル

に家族とともに自宅近くの遊歩道にホタルを探しに行ったところ、ホタルが乱舞する幻想的な場面に遭遇し、無心にシャッターを切ったものである。あとで畦地さんの訃報を知った同会員は「多くのホタルが畦地さんを見送っていたように感じます」と話している。

畦地さんは日頃から「わしの夢は辰巳用水を昔のようにきれいにすることや」が口癖でした。涌波地区の遊歩道は古くからの辰巳用水の情況を偲ぶことができる場所であり、今後も市民の皆さんの憩いの場を通して、畦地さんの夢を実現してゆくことが期待される。

※本誌製作費の一部は、公益財団法人 河川財団、公益信託 大成建設自然・歴史環境基金、公益財団法人 澁谷学術文化スポーツ振興財団の助成金を活用しています。

NPO法人 辰巳用水にまなぶ会

2010年に国史跡に指定された辰巳用水の約400年におよぶ歴史の重みを検証し、今後の用水の価値と評価を高めると同時にその維持管理を継続するために、金沢市民をはじめ多くの人たちに親しみを持って訪ねてもらえる方策を調査・研究し、まちづくりや生涯学習に寄与することを目的に、2015年に設立。辰巳用水トンネル見学会の開催支援なども行っている。

城下町金沢《じょうかまちかなざわ》の遺産《いさん》
辰巳用水《たつみようすい》を守《まも》る

2020年4月20日　第1刷発行

編集・発行　NPO法人辰巳用水にまなぶ会
〒920-0965
石川県金沢市笠舞3丁目7番11号
電　話　090-4325-7620
FAX　076-224-7212

発　売　所　能登印刷出版部
〒920-0855
石川県金沢市武蔵町7番10号
電　話　076-222-4595
FAX　076-233-2559

印刷・製本　能登印刷株式会社

ISBN978-4-89010-768-1 C0051